AŞK
KUANTUMU

NURAY SAYARI

DESTEK
yayınevi

DESTEK YAYINEVİ: 148
KİŞİSEL GELİŞİM: 16

AŞK KUANTUMU / Nuray SAYARI
Yayına Hazırlayan: Yelda CUMALIOĞLU

Her hakkı saklıdır. Bu eserin aynen ya da özet olarak hiçbir bölümü, telif hakkı sahibinin yazılı izni alınmadan kullanılamaz.

Genel Yayın Yönetmeni: Ertürk AKŞUN
Editör: Melisa Ceren HASMADEN
Teknik Hazırlık: Beste DOĞAN
Kapak: Fikirhane

1.Baskı: Haziran 2011
Yayıncı Sertifika No: 13226
ISBN 978-605-4455-47-8

© Destek Yayınevi
İnönü Cad. 33/4 Gümüşsuyu
Beyoğlu / İstanbul

Tel : (0212) 252 22 42
Fax : (0212) 252 22 43
www.destekyayinlari.com
info@destekyayinlari.com

İnkilap Yayın Sanayi ve Tic. A.Ş
Çobançeşme Mah. Altay Sk. No:8 Yenibosna-Bahçelievler İSTANBUL
Tel: (0 212) 496 11 11

www..nuraysayari.com.tr
www.astralyasam.com

AŞK
KUANTUMU

NURAY SAYARI

Nuray Sayarı yaklaşık 20 yıldır, profesyonel olarak astroloji bilimi ile ilgilenmektedir. Gençlik yıllarından itibaren metafiziğe ve doğa üstü güçlere olan ilgisi, güçlü sezgisi sayesinde yaptığı önemli kehanetleri, kendisini Türkiye'nin gündemine taşımıştır.

Astroloji ve tarot bilimi ile başlayan bu süreç, yıllar içinde kendisini yeni arayışlara ve çözümlemeleri bulmaya sürüklemiştir. Nuray Sayarı geçirdiği bu olgunlaşma sürecinde düşünce gücünün insan hayatındaki önemine ve evrendeki her maddenin bir enerji taşıdığına inanmıştır. Kişilerin sahip oldukları bu enerjiyi doğru kullanmaları ve şifa bulmaları için Nuray Sayarı bir yol göstericidir. İyi enerjiye olan inancı ile kişilere mutluluk, sağlık, bolluk ve bereketin kapılarını açmayı öğreterek, pozitif kişiliği sayesinde onlara destek olmaktadır. Kendisinde varolan sezgi gücünün kuvvetini bu kapıları açarken de kullanmaktadır. Bu sezgiler ışığında kişinin problemi bazen Reiki çalışmaları ile, bazen de geçmişe yapılan bir regresyon çalışması ile çözümlenir...

Eserleri:

İçindeki Gücün Sırrını Keşfet (100.000 baskı)

Astroloji ve Burçlar 2011 (20.000 baskı)

Astroloji ve Burçlar Ajandası (20.000)

Bereket ve Aşk Keseleri ile Birlikte Hayatınıza Yön veren Dilek Kartları

Aşkıma...

TEŞEKKÜRLER..17
BABAMIN CEBİNDE
"AŞK KOKAN" BİR KÂĞIT BULDUM...............................23

AŞK KUANTUMU 1. MADDE:
BEN VARIM VE KENDİMİ ÇOK SEVİYORUM..................37

AŞK KUANTUMU 2. MADDE:
KALBİN EN BÜYÜK SIRRINI KEŞFEDİN............................49

AŞK KUANTUMU 3. MADDE:
METAFİZİK EVREN DÜŞÜNCEYLE ÇALIŞIR?....................57

AŞK KUANTUMU 4. MADDE:
DÜŞÜNCE YÖNTEMİ İLE AŞKA
HAZIRLIK VE SEÇİMLER..63

AŞK KUANTUMU 5. MADDE:
HAYALGÜCÜNÜN SIRRINI KEŞFEDİN
VE SINIRLARI ZORLAYIN...77

AŞK KUANTUMU 6. MADDE:
İSTEMEK VE İNANMAK..83

AŞK KUANTUMU 7. MADDE:
AŞK ENERJİMİZİ YÜKSELTİRSEK
YÜKSEK ENERJİLERİ DE KENDİMİZE ÇEKERİZ..............95

AŞK KUANTUMU 8. MADDE:
KENDİ HAZİNE HARİTANIZI HAZIRLAMAK..................101

AŞK KUANTUMU 9. MADDE:
HAREKETE GEÇİN. ESKİYİ YOK EDİN,
YENİYİ ÇAĞIRIN...111

AŞK KUANTUMU 10. MADDE:
AFFEDİN! KENDİNİZİ DE ONLARI DA........................123

AŞK KUANTUMU 11. MADDE:
AŞKA HAZIRLIK... DÜŞÜNCELERİNİZE
DİKKAT EDİN, ŞİKÂYETLERİ BIRAKIN........................131

AŞK KUANTUMU 12. MADDE:
HAYATINIZDAKİ AŞK ENERJİSİNİN
AKIŞINI HIZLANDIRIN..137

AŞK KUANTUMU 13. MADDE:
CANLANDIRMA VE HİSLENDİRME..................................141

AŞK KUANTUMU 14. MADDE:
YÜZLEŞİN, KABULLENİN, OLUMLAYIN............................145
OLUMLAMALAR...147

AŞK KUANTUMU 15. MADDE:
"ASIL NEYİ İSTEDİĞİNİZE KARAR VERİN"........................161

AŞK KUANTUMU 16. MADDE:
SEZGİLERİNİZE KULAK VERİN...................................165

AŞK KUANTUMU 17. MADDE:
ŞÜKREDİN..167

AŞK KUANTUMU 18. MADDE:
HAYATINIZIN DİZGİNLERİNİ ELİNİZE ALIN.......................173

AŞK KUANTUMU 19. MADDE:
KENDİNİZİ GÜÇLENDİRECEK SORULAR SORUN.......................177

AŞK KUANTUMU 20. MADDE:
KELİMELERİN ENERJİSİNDEN FAYDALANIN........................183

AŞK KUANTUMU 21 MADDE:
DUYGULARINIZI KONTROL EDİN..................................187

AŞK KUANTUMU 22. MADDE:
'AŞK'I KENDİNE ÇEKMEK.......................................203

AŞK KUANTUMU 23. MADDE:
'AŞK' A HAYATIMIZDA YER HAZIRLAMAK..........................209

AŞK KUANTUMU 24. MADDE:
VÜCUDUNUZDAKİ ENERJİ MERKEZLERİNİ
YANİ ÇAKRALARINIZI AÇIN,
DENGELEYİN VE ENERJİ AKIŞINIZI
MÜKEMMELLEŞTİRİN..215

AŞK KUANTUMU 25. MADDE:
AŞK KESESİ İLE AŞK'I ÇAĞIRMAK...............................229

Aşk ve bereket Tanrıçam, Nuray Sayarı'ya...

"Sonsuz güvenin, dostluğun ve var oluşun için Tanrı'ma şükrediyorum"

Yelda Cumalıoğlu
Destek Yayınları

Nuray,

"Sevgi saygı ve başarı... İşte benim tanıdığım Nuray Sayarı'nın yaşam formülü bu....."

Ata Nirun
Astrolog/Yazar

Yirmi dört yıldır bana aşkı hissettiren sevgili hayat arkadaşım Nuray Sayarı.

Senin teşekkürlerin kadar sana teşekkür ediyor ve her şeyim olduğun için şükrediyorum. Bana yaşattıkların ve yaşatmak istediklerin için sana minnettarım.

Aşkın Sayarı

Sevgili annem Nuray Sayarı,

Hayatımda ilk defa senden uzaklarda, senin için güzel temennilerde bulunuyorum. Ben doğduğum günden bu güne kadar senin sıcacık yüreğin ve pozitif enerjinle var olmaya alışmışken bu geçici ayrılık sana olan sevgimi ve hayranlığımı daha da arttırdı. Bizim aramızda mesafe yoktur bilirsin ;)

Seni seviyorum prensesim.

Doğuş Sayarı
O şimdi asker

Canımın yarısı, kan kardeşim, değerli dostum,

Seni anlatmaya inan kelimeler yetersiz kalıyor. ALLAH'ın bana yaklaşık 20 yıl önce verdiği en güzel armağansın. Birbirimizi koşulsuz severek, gün gelip ağlayıp gün gelip gülerek, bugünlere geldik...

Sevgilerini bilgin ve birikimlerinle harmanlayıp, ihtiyaç duyan yüreği sevgiden geçen herkesle paylaşmayı görev edindin. Yazdığın muhteşem kitaplarına bir yenisini ekledin. Sana sonsuz teşekkürler. Artık nereye gitsem yanımdasın. Tıkanıp kaldığım noktada tekrar tekrar okuyarak beni çözüme ulaştıran kitapların yanımda.

Seni çok seviyorum ve başarılarınla gurur duyuyorum.

Okurlarına ve sana candan sevgi ve saygılarımla...

Aslı HÜNEL

Nuray Sayarı'nın (ablamın) da dediği gibi: Koşulsuz, karşılıksız sev, önce kendini sev. Sev ve sevil. Ablamla aramızda 1 yaş olduğu için arkadaş gibi büyüdük. İki arkadaş arasında da zaman zaman zıtlaşmalar, anlaşmazlıklar olur. Benim yaklaşımım hep sesli olarak kendimi savunmak ve haklılığımı kanıtlamaksa ablamın ki de bir o kadar sessiz ve sorundan uzaklaşmak olmuştur. Ondan sabrı ve sakinleşmeyi, kişinin koşulsuz önce kendisini sevmesi gerektiğini öğrendim. Yoktan var eden, içindeki güçle istediği her şeye sahip olan, yorulmak nedir bilmeyen, zamana meydan okurcasına genellikle günde iki üç saat uyuyan. Felsefesi çalışmak yine çalışmak olan, evde iyi bir eş, mükemmel anne, iyi bir evlat, kardeş ve arkadaş Nuray Sayarı seni seviyor ve seninle gurur duyuyorum.

Gülay Uman
Kardeşin

Sevgili ablam ve sevgili hocam Nuray Sayarı'nın da söylediği gibi: Evrene teşekkür ediyorum Nuray Sayarı benim ablam olduğu için. Kalbinin ve ruhunun güzelliği her zaman yüzüne yansımıştır. Bunu Nuray Sayarı ablam olduğu için değil, gerçek olduğu için söylüyorum. Sakin ve enerjisi çocukluğundan bugüne kadar güzel ve değişmeyen bir kişiliktir. Nuray Sayarı evinde çok iyi bir eş, anne, evlat ve benim için kardeşten ziyade yok iyi bir arkadaş, yeri geldiğinde sığınacak tek limanım oldu. Önce ALLAH'a teşekkür ediyorum, sonra anneme teşekkür ediyorum bu özel insanı dünyaya getirdiği için. Nuray Sayarı'nın benim ablam olduğu için binlerce şükrediyor ve teşekkür ediyorum. Sonsuz sevgimi ve şükranlarımı sunuyorum.

Müzeyyen Uman
Seni Seven Kardeşin

Sevgili kardeşime,

Hayatının her anında yaşadığı tüm zorlukları ilgiye, sevgiye ve mutluluğa çeviren sihirli kalbiyle ailesine, dostlarına ve çevresindeki herkese hayatın güzelliklerini keşfettiren sevgili ablam Nuray Sayarı'nın en zor anlarda bana ve sizlere içimizdeki mutluluğu yaşattığı için teşekkürü borç bilirim.

Hakan Uman
Yapımcı

Evrenin ve tanrının bize verdiği güzel hediye, canım teyzem; sakin, duygusal, hayata pozitif bakarak yaşayan, insanlara güzel enerjiler yansıtan özel insan Nuray Sayarı. Teyzemden öte, annemin diğer yarısı her zaman varlığını hissettiğim her şeyi paylaşıp konuşabildiğim, koşulsuz çıkarsız sevgisini bana veren o özel insan benim teyzem. Mükemmel bir anne, eş, iş kadını, her şeyin üstesinden gelen emeğiyle kimse arkasında olmadan başarıya ulaşan canım teyzem benim. Seni çok seviyorum. İyi ki benim teyzemsin adı gibi nur yüreği güzel insan.

Tuğçe Gültekin

Yüreği ve kendi çok güzel olan özel insan Nuray Sayarı,

Seni yakından tanıyan şanslı insanlardanım. Seni tanıyalı ne çok şey değişti hayatımda. Kitapların ve sen birçok insana olduğu gibi banada ışık tuttun. Güzel enerjin sayesinde hayata daha da sevgiyle bakmayı, kabule geçmeyi ve kontrolü bırakmayı öğrendim. Şimdi ise sabırsızlıkla yeni kitabını bekliyorum. Çünkü hayatı aşkla yaşayan, işini aşkla yapan biri olarak, aşka dair kitap yazmasan olmazd. Canım arkadaşım Aşk'la hep hayatımda ol.

Burcu Arslan

Nuray Sayarı; insanlığın, merhametin, güzelliğin ve sevginin yüceliğini bana keşfettirdi. Varlığıyla tüm çevresinin olduğu gibi benim de hayatımı pes pembe yaptı. Gül yüzü ve sonsuz sevgi dolu melek kalbiyle beni sevgiye doyuran canım ablam. Dünyada nadirde olsa meleklerin varolduğuna seni tanıyınca tam anlamıyla inandım. Ve şimdi bu sevgini bu kitapla bizlerle paylaştığın için çok teşekkür ediyorum. Seni çok seviyor ve sevgiyle hayatında olmayı seçiyorum.

Zahide Karakütük. Senin Hilal'in

Nuray Sayarı denildiğinde ilk akla gelen; tükenmeyen yaşam enerjisi, olumlu düşünme sanatı, imkânsız görüneni başarma gücü, mutluluk, dostluk, annelik kavramları ve tüm bunları çevresine yansıtma isteği ve başarısıdır...

Benim yıllardır dostum, sırdaşım, yoldaşım Nuray'ın "Ask Kuantumu" kitabının da çevresine muhteşem katkıları olacağına ve yine ışığını yansıtacağına inanıyorum.

Yolun hep "ASK"la aydınlansın...

Didem Taslan

Tanrının bana hediyesi olarak gördüğüm melek kalpli, dünya güzeli Nuray Sayarı. Sen, hem çok iyi bir dost hem de çok iyi bir eş ve annesin. Kitaplarını okudukça yaşama sevincimi arttıran Nuray ablama, hayatımda olduğu için teşekkür ediyorum.

Tuba Kalçık
Yapımcı ve Editör

Yolumu ışıklandıran, beni meleklerimle tanıştıran manevi ablam Nuray Sayarı.

Güzel enerjinle astroloji ve burçlarımızı tanıyıp içimizdeki gücü keşfettik seninle. Şimdi de en güzel duygu olan Aşk'ın farkındalığının farkına varmamıza geldi sıra. Seninle yolumuz ışıklı ve sonsuz. Her zaman aşk dilimiz konuşsun.

Elife Yılmaz
Radyo Programcısı

Nuray'cım, çok değerli arkadaşım,

Söylediklerin, anlattıkların kadar yazdıklarının da ayrı bir önemi var. Yıllarda hissettiklerin, inandıkların, astroloji alanındaki profesyonel çalışmalarınla milyonlarca insanın hayatına yön verdin. Senin gibi değerli bir insanı tanımanın, dostu olmanın verdiği ayrıcalığı, şimdi bana tıpkı şu an olduğu gibi, başka bir şekilde hissettirdiğin için teşekkür ediyorum.

Demet Bulut
Show TV iç yapımlar koordinatörü

Nuraycım,

Bana ve seni tanıyan herkes için inanılmaz güzel rehbersin. Ben ve seni tanıyan herkes senden sevgi, güzellik ve dostluk kazandık. Hayatıma renk ve ışık verdin. Seni tanımak tesadüf değil diye düşünüyorum. Bu bana ALLAH'ın lütfu diyorum. İyi ki varsın. Seni çok seviyorum.

Sevim Uludağ
Manevi annen

Hayatıma girdiğin andan itibaren hayatımın her anlamda akışını değiştiren can dostum, biricik arkadaşım sen benim için çok değerli ve çok farklısın. Ablam, arkadaşım kısacası her şeyim oldun. Hayatıma girdiği için ve de hayatımın sonuna kadar benimle olacağını bildiğim için çok mutluyum. Seni çok seviyorum Nuray...

Gamze İmamoğlu
Show TV iç yapımlar

Bugüne kadar hayatımda karşılaştığım en pozitif, en sevgi dolu, paylaşmayı seven insanların başında geliyor Nuray... Daha önceki kitaplarındaki başarılarının bu kitapta da devam etmesi dileğiyle. Sevgiyle

Ayşegül Sermet

Nuray'ı tanımak çok büyük bir şans. Hayatıma girmesiyle beraber hayatımın tüm akışı değişti. Onu tanımaktan çok mutluyum. Onun verdiği ışık hayatımı renklendirdi. İyi ki varsın. Nuray zaten bir aşk.

Verda KAMHİ

Yaklaşık 12 yıl önce, seni tanıdığım gün, yansıttığın yaşam enerjin ile kalbimi ısıttın. Sanki birbirimizi asırlardır tanıyor gibiydik. Aramızdaki dostluk bağı, sıra dışı bir şekilde hayatımı olumlu yönde değiştirdi. En önemlisi, umutsuzluğu hayatımdan sildi. Ailelerimiz de zamanla kaynaştı. Kimi zaman neşelendik, kimi zaman hüzünlendik, kimi zaman beraber ağladık, güldük. Ama senin herkesi kucaklayan sevgi, anlayış ve sabır dolu kalbin bana hep ilham perisi oldu.

Sen, bana hep sorunlara aktif tepki vermenin, hayatı cesur bir şekilde yaşamanın, her zaman krizin ya da değişimin üstesinden gelmenin en iyi yolu olduğunu öğrettin. En karamsar ve depresif günlerimde, bana verdiğin enerji ve önerdiğin olumlamalarla beni aydınlattın, ferahlattın. Bana pes etmemeyi aşıladın. Çaba ve cesaretin, amacımız ve yönümüz olmadan yeterli olmadığını da öğrettin. Hayat, kendini bulmak değildir, hayat, kendini yaratmaktır, hem de sadece düşünce biçimini değiştirerek; bunu senden öğrendim.

Bütün insanlar, kalben sevgi ve gerçeği elde etmeye çabalıyorlar. Sen, bunun formülünü yıllar önce çözmüşsün ve şimdi her gördüğün insana bu öğretmeye çalışıyorsun. Etrafındaki insanlardan biri olmaktan o kadar mutluyum ki, canım arkadaşım.

Hayat, içinden ne çıkacağını bilmesekde açmamız gereken bir zarftır. Açtığın zarflardan hep güzel şeyler çıkması dileği ile...

Sana her şey için çok teşekkür ediyorum.....

Zerrin Zindancıoğlu

Sevgili Nuray, sen çok iyi kalpli, eğlenceli, mücadeleci ve renkli bir ruhsun. Bende galiba bayağı şanslıyım senle tanıştığım için!

Didem Gürcay

Nuray benim ailemin parçası. Her zaman onun takipçisi olacağım. O benim ve çok yakın arkadaşlarımın yaşam koçu oldu. Ondan çok şey öğrendim. Karşılıksız sevmeyi bana o öğretti. Hayat ona ve hepimize gülsün. Seni seviyorum Nuray.

Nilüfer Kurt
Sunucu ve Oyuncu

Bu kitapta, bizi yatıştıran tanıdık periler, dik başlılığa sürükleyen tembel periler ve cesaretimizi kıran korkutucu periler yerine, sevginin perileri var. Geçmişin elleri hep yakamızda olsa da, bizler geçmişe dair düşüncelerimizi zaman zaman değiştirmişizdir. Nuray Sayarı günümüz insanının, kendi kişisel geçmişine olduğu kadar, acımasızlıktan, yanlış anlamalardan ve mutluluktan oluşan top yekûn insanlık siciline de yepyeni bir gözle bakabilmesinin yolunun, her zaman geçmişe bakışımızı yenilemekten geçtiğini söylüyor. Kitaptaki bölümlerden her biri, belki hepimize tanıdık gelecek arzuları ve pişmanlıkları olan, öte yandan, çoktandır unuttuğumuz kökenlerden devralınmış biçimlerimiz içine hapsolmuş gerçek bir insanla, yani portremizle başlıyor aslında.

Hücrelerimizin nasıl hepsi aynı yaşta değilse, her biri nasıl farklı hızlarda yenileniyor ve yok oluyorsa, zihnimiz de farklı yüzyıllarda doğmuş eski ve yeni pek çok düşünceye ev sahipliği yaparken, kitapta kişilerin kendine özgü taraflarını ortaya koymak için ailelerine ya da çocukluklarına bakmak yerine daha kısa bir yol tutmuş yazar.

Sonsuz gücü olan 'sevgi' üzerine dikkatlerimizi çekiyor.

Dünyanın dört bir köşesinde yaşayan ve düşünebileceğimizden çok daha fazla kardeş ruh barındıran evrende 'sevgi' için vermemiz gereken mücadelemizi anlatmaya çalışıyor. Sık sık, üst üste umutsuzluğa kapılmamız, birden yeni yeni karşılaşmalarımız ve yeni güneş gözlüklerimizle toparlanmalarımız, işte bunun için...

Yalnızlığa bağışıklık kazandığımız bugünlerde, sorunlardan kaçma da ustalaşırken nereye kaçacağımızı bilmememiz üzerine...

Yeterince derinlere bakmaya başlamamız için...

Kısaca 'sevgi'ye kucak açmayı öğrenmek için yazmış bunları Nuray.

Hunberk Kanıbelli

Nuray'ı yaklaşık on beş senedir tanıyorum. Yıllar içerisin-de yaptığı işin ne kadar doğru olduğunu, insan gerçekten isterse başaramayacağı hiçbir şeyin olamadığını kanıtladı. O BİR BAŞARI ÖYKÜSÜDÜR.

Dilek Genç

Nuray ile ilk tanışmamızda, sanki onu önceden tanırcasına çok fazla sevdim. Hiçbir dostun ve arkadaşın yapamayacağını yaptı benim için. Onunla tanıştıktan sonra hayata daha olumlu ve güzel bakmaya, bütün ilişkilerimde daha hoş görülü olmaya başladım. Kısaca Nuray; yol gösterici, çıkarsızca senin için, iyiliğin için çabalayan bir dost. Gerçek dost nedir? Nuray. Her konuda güveniyor ve seviyorum.

Banu Zorlu
Sanatçı

Nuray'ı tanıdığımda hayatımın belki en kötü aylarıydı, düzelebilmem çok zordu. İlaç kullanmaya başlamıştım. Nuray'la görüşmeye başladıktan sonra hayatımda farkında olmadığım, yıllardır gözümün önündeki birçok şeyin ayırdına vardım. İyisiyle kötüsüyle nasıl baş edeceğimi, O'nun yanında kendiliğinden öğrenmiştim. Birlikte içtiğimiz bir fincan kahvenin sonunda ben bambaşka, mutlu ve olumlu biri oldum. Kimse inanmadı bu halime, ama tek gerçek vardı ben her şeyle baş etmeyi O'nunla öğrendim. Teşekkür ederim Nuray.

Nirva Sahil

Hayatımın SWOT'unu astroloji rehberliğinde yapmama, farkındalığımın farkına varmama yardımcı olan, yaşam enerjisi müthiş yüksek, sevgi dolu gönüllü bir elçi... Sözlere sığdırmak çok zordur O'nu.

Levra Sebla Erdoğan

TEŞEKKÜRLER....

Allah'a bana böyle bir kader planı armağan ettiği için teşekkür ediyorum.

Sevgili anneme ve babama 31 Ocak'ta doğmama vesile olduğu için teşekkür ederim.

Bana astrolog olma fırsatı verdiği için ilahi plana teşekkür ediyorum. Sevme planı ve koduyla bu dünyaya gelmeme izin verdiği için Yaradan'a teşekkür ediyorum. Sevmeyi sevdiğim için kendime teşekkür ediyorum. Koşulsuz sevginin ne olduğunu bana öğreten değerli annem Teslime Uman'a, zorda olsa sevgisini sınırsız yaşayan kıymetli babam Sadık Uman'a, yirmi dört yıldır sevgisiyle hayatımda olan ruh eşim Aşkın Sayarı'ya teşekkür ediyorum.

Sevgili kayın validem Gülsen Tecim'e böyle güzel bir evladı bu dünyaya getirdiği için sonsuz teşekkür ediyorum. Aşk çocuğu olan, sevgi enerjisi ile beslenen, daha henüz yirmi üçünde sevginin ne olduğunun farkında olan büyük prensim Doğuş Sayarı'ya ve tazecik sevgisiyle yanımda olduğu için minik prensim Ogan Sayarı'ya sonsuz teşekkürler ediyorum.

Tüm aileme ve birbirinden değerli kardeşlerim Gülay Uman, Müzeyyen Uman ile Hakan Uman'a ve sevgi enerjisi ile yanımda olan tüm dostlarıma çok teşekür ediyorum.

Sevgiye teşekkür ediyorum, kutsallığı için.

İnançlarıma teşekkür ediyorum, varolduğum için.

Astroloji yolunda başarı ile ilerlememe neden olan rahmetli dostum Ziver Zirve'ye, sevgili kardeşim Hakan Uman'a, uzun yıllardır başarıma başarı katan, inancı ve sevgisiyle beni destekleyen SHOW TV İç Yapımlar müdürü Caner Erdem'e, iyi yürekleriyle ve dostluklarıyla her an yanımda olduklarını hissettiren değerli arkadaşlarıma, sevgili dostum Seyhan Erdağ'a, SHOW Max İç Yapımlar Müdürü Mehmet Alp Elmalı'ya, SHOW TV Magazin Müdürü Devrim Demircan'a, SHOW TV koordinatörü Demet Bulut, Senem Özbir, Gamze İmamoğlu'na, değerli sanatçı dostlarıma Gülben Ergen, Binnaz Avcı, Başak Sayan, Demet Akalın, Aslı Hünel, Asena, Didem Taslan, Banu Zorlu, Petek Dinçöz, Ebru Şallı'ya bana yıllardır danışmanlığım için gelen tüm dostlarıma, bana güvenenlere ve inananlara, sevgi enerjisini var eden herkese çok teşekkür ediyorum.

Ve özellikle, 'enerjisi ve güzelliğiyle' hayatı çoğaltan Destek Yayınevinin sahibi ve değerli dostum sevgili Yelda Cumalıoğlu'na, yayınevimizin Genel Yayın Yönetmeni Ertürk Akşun'a ve tüm ekibine çok teşekkür ediyorum.

*Bu kitapla,
'gerçek aşk'ınızı bulup
derin ve tutkulu bir ilişki yaşabilmeniz için
sizi güçlü bir mıknatısa dönüştüreceğimi
vaat ediyorum...*

sözlerinize dikkat edin, düşüncelere dönüşür;
düşüncelerinize dikkat edin, duygularınıza dönüşür;
duygularınıza dikkat edin, davranışlarınıza dönüşür;
davranışlarınıza dikkat edin, alışkanlıklarınıza dönüşür;
alışkanlıklarınıza dikkat edin, değerlerinize dönüşür;
değerlerinize dikkat edin, karakterinize dönüşür;
karakterinize dikkat edin, kaderinize dönüşür.

mahatma gandhi

BABAMIN CEBİNDE "AŞK KOKAN"
BİR KÂĞIT BULDUM

Elimi babamın lacivert ceketinin cebine attığımda AŞK'la tanışmaya hazır mıydım bilmem, ama yedi yaşındaydım. Hayat işte. Kim bilebilirdi ki daha okumayı bile yeni öğrenirken okuyacağım ilk uzun metnin babama yazılmış bir aşk mektubu olacağını.

> Sevgilim,
>
> Yarın Heybeli adaya gitmek için seni her zamanki saatte (7.30) Bostancı Kayıkhanesinde bekliyor olacağım...
>
> Seni tüm yüreğimle seviyorum aşkım...
>
> Döne.

Ailemde şiddeti, geçimsizliği görüyordum; sevgisiz bir kadının, annemin çığlıklarını da duyuyordum. Ama ihanetin ve aşkın ne olduğuyla o gün ilk kez karşılaştım.

O zamanlar babam Tekel sigara fabrikasında çalışıyordu. Yakışıklı bir adam olduğundan etrafında bir çok kadın vardı. Dolayısıyla annem devamlı şikayet eder dururdu, ne huzuru vardı ne de babama güveni.

Ramazan ayıydı. Annem, yakın arkadaşı Şükran Teyze ve ben teravih namazına gidecektik. Hazırlandık, giyindik tam evden çıkacağız, neden bilmiyorum elimi babamın cebine soktum ve her şey işte o an başladı. Çocukluk işte, başkalarının özel eşyalarının karıştırılmaması gerektiğini bilmiyordum. Bulduğum mektubu annem gördü. Üstelik parfüm kokuluydu. Annem, "Nuray, bu ne," diye sordu. Mektubu açtım, zar zor okudum, anladım da anlamasına; ama gel gör ki okuduklarımı, "Bu ne," diye ısrarla soran anneme nasıl anlatacaktım?

O anda şok geçirdim. Çocukluk işte; annem babama bağıracak, babam da annemi dövecek korkusuyla o anda anneme başka şeyler uydurdum.

Sonraki günler ise bilmem kaç kere okudum o aşk dolu satırları. Babam annemi aldatıyordu. Acaba mektubu anneme göstersem mi diye içim içimi yiyordu. Çünkü annem babamı sevmiyordu, ona âşık değildi; belki üzülmez, benim üzerimden de bu yük kalkardı. Ama cesaret edemedim.

Annemle babamın ayrılmalarından çok korkuyordum, çünkü dayımlara yerleşmek zorunda kalacağımızdan korkuyordum.

Oysa bilmiyordum ki; Şükran Teyze anneme mektubu çoktan okumuştu...

"Ya bir gün ben de aldatılırsam" korkusunun bilinçaltıma yazılması...

Babam sadece annemi aldatmakla kalmamış daha ben küçücükken, yedi yaşımdayken, "ya bir gün ben de aldatılırsam" korkusuyla, kısacası beni "aldatma enerjisiyle" tanıştırmıştı. Ve o korku evliliğimin yaklaşık 15 yılını etkiledi.

"Ya sevmeyeceğim bir erkekle evlenirsem" korkusu?..

Sonraki yıllarda annemin mektubu okuduğunu ve ses çıkarmadığını öğrendim. Oysa ben bu sırrı saklamayı başardığımı ve ailemi bir arada tuttuğumu düşünüyordum. İşte o zaman annemin babamı gerçekten sevmediğini, hem de hiç sevmediğini düşündüm. Yine korkularım başladı. "Ya ilerde ben de sevmediğim bir adamla evlenirsem" ne yapardım? Sevgisiz bir ömür geçer miydi? "Ya ben de annem gibi mutsuz olursam?"

Bu nedenle yıllar sonra ilk âşık olduğum erkekle evlendim!

Şükretmek için çok nedenimiz var...

Babaannem bilge bir kadındı. Bize inanılmaz vaazlar verirdi. Annemle babamın durumunu o da öğrenmişti. Kısacası bu aldatma olayı evde herkesin bildiği bir sırdı. Babaannem bize, "Dua edin, Allah sizi sevgiyle ve sevmediğiniz insanlarla yaşatarak imtihan etmesin," derdi. Rahmetli yeryüzünde yaşayan kanatsız bir melekti. Gönül gözü çok açıktı. Hâlâ bir çıkmaza girdiğimde, babaannemi mutlaka rüyamda görürüm. Bunu sırf ben değil, bütün kardeşlerim yaşar. Ve onu rüyamda her gördüğümde babaanneme, "Hoş geldin," derim. O da bana, "Şükretmek için çok nedenin var evladım, sakın kendini olur olmaz şeylerle üzme," der. Ondan duyduğum tek cümle budur.

Eşimle yıllar önce tüm benim bu kodlanmalarımdan dolayı travmalı bir dönem geçirdik. Evliliğimizde bir çatırdama oldu. Eşimin ortaklarıyla çalışmaya devam etmesini istemiyordum. Enerjiyi biliyordum, ama bir türlü kabule geçemiyordum. Eşim Aşkın'dan uzaklaşmak istemiyordum.

İşte bu korkularım eşimin İzmir'de yeni iş yeri açmasına neden oldu. Mekân ve gönül boyutunda birbirimizden uzaklaştık. Ve işte o zaman kaybetme korkuma yenik düştüm ve eşimle ayrılmayı bile düşündüm.

Aslında bu bir sarmaldı. Korktum ve başıma geldi. Korkularımla, olumsuz düşüncelerimle; gözümde, gönlümde, zihnimde canlandırdığım görüntülerle eşimden kopma noktasına kadar geldim.

Oysa o sadece İzmir'de bir iş yeri açmıştı. Ama benim bilinçaltımdaki olumsuz duygular hayatımı çalmaya başlamıştı.

Ve o gecelerden birinde babaannemi yine rüyamda gördüm. Babaannem bana, "Evladım, şükretmek için çok sebebin var. Bol bol Âyet-el Kürsî oku. Bak sana çocuklarını getirdim," dedi. Kabule geçmemi söyledi...

Ve ben uzun enerji çalışmaları ile kabule geçtim. Korkularımdan kurtulmayı becerdim. Bilinçaltımı temizledim. Ardından benim yükselen enerjim aileme de yansıdı.

Acar kentteki villamızı satın aldık, eşim ortaklarının gerçek yüzlerini görmeye başladı, İzmir'deki iş yerini kapattı ve küçük oğlum Ogan'a hamile kaldım.

Evet babaannem rüyamda, "Bak sana çocuklarını getirdim," derken hem küçük oğlumun hem de aile birlikteliğimin müjdecisiydi...

Kanlı gözyaşlarımı, şükrederek, kabule geçerek ve enerjimi yükselterek giderdim.

Bu kitabı size işte bu nedenle yazıyorum. Ben yaptım, hadi sıra sizde. Siz de sevdiğiniz erkeği, gerçek aşkınızı hayatınıza rahatlıkla çekebilirsiniz.

Yeter ki istemesini bilin, evren "gerçek aşkınızı", "sevdiğiniz adamı ya da kadını" gönül kapınıza kadar getirecek ve kalbinizin önünde diz çöktürecektir...

Karma bunun neresinde?

İçindeki Gücün Sırrını Keşfet'i okuyanlar hatırlarlar; çocukken aldığım "aman kaderi halasına benzemesin" kodlamalarından dolayı hamileyken tüberküloz oldum. Ailemin karması bana geçmişti. Halam ve anneannem doğum yaparken tüberkülozdan ölmüştü, ben de doğum yaparken az kalsın bu hastalıktan ölüyordum. Neyse ki Heybeliada sanatoryumunda enerji ile tanıştım. Neyse ki sevdiğim adam vardı...

KARMA 1:

Halam ve anneannemin karmasından dolayı doğum yaparken ölüyordum, hatta öldü diye morga bile kaldırılıyordum. Babaannem yaşadığımı fark etti.

KARMA 2:

Uzun süre Heybeliada sanatoryumunda yattım. Şimdi anlıyorum ki babamla sevgilisi devamlı Heybeliada'da buluşuyorlardı. Ve bakın bilinçaltımın oyununa: Heybeliada sanatoryumunda aylarca kaldım.

KARMA 3:

Babaannem kızını sevmediği bir adamla evlendiriyor.

Annem babamla sevmeden evleniyor.

Annem 16 yaşında evleniyor.

Halam 16 yaşında evleniyor.

Anneannem doğumda ölüyor.

Halam doğumdan sonra ölüyor.

Ben de doğumda ölmek üzereydim ama beni aşk ve enerji bilinci kurtardı. Çünkü ben kocama âşıktım ve hastane odamda devamlı kuantum kitapları okuyordum.

TANRI DÜNYAYI SEVGİ ÜZERİNE KURDU. KÖTÜ KADERDEN, KARMADAN TEK KURTULUŞ AŞK İLE MÜMKÜNDÜR.

ANNEM:

Annem bize karşı çok sevgi dolu, ancak hep başına kötü bir şeyler gelmesinden korkan, annesini küçük yaşta kaybetmiş, talihsiz(!), yani "farkındalığı keşfedememiş" bir kadındır. Anneannem teyzemi doğururken ölmüş. Teyzem de doğarken ölmüş. Teyzemin ölümünün karması da babaannesi yüzünden.

Annem inatçı, merhametli ve Allah sevgisi çok yüksek bir kadın olmasına rağmen, insanlara güveni sıfırdır. Her an herkesten her şeyi bekler. Ona göre her an biri size tecavüz edebilir, zehirleyebilir veya öldürebilir. Hayata karşı böylesine zayıf ve yenik bir kadın. Ve ben hep bu kodlamalarla büyüdüm, ama çok şükür ki enerjinin farkındalığıyla tanıştım.

BABAM:

IQ'su çok yüksekti, ama bu zeka düzeyi onu çılgınlığa yönlendirmişti. Dünyanın merkezinde kendini gören bir baba ve yemeyi, içki içmeyi çok sevmesine rağmen içmeyi de bilmeyen bir adamdı. Aldatma enerjisine sahip olduğu için annemin de aldatmasından çok korkan bir adam. Bu korkularından dolayı anneme sürekli iftiralar atıyordu. Aldatma enerjisi ile yaşadığı için devamlı aldatılacağını düşünüyordu. Babamın da insanlara güveni yok, çünkü kendisi sürekli hileli oyunlar peşindeydi.

Ama bu benim şimdiki bakış açım. O zamanlar ben, babasının zor, vicdansız, merhametsiz olduğunu düşünen bir çocuktum. Ve hep babamdan kurtulmanın yollarını arardım. Annemle babam kavga ettiğinde dayımlara kaçardım. Yengem de sürekli travma yaşardı. Çünkü kocasının kardeşi 4 çocukla onlara gelecekti ve ona yük olacaktı. Oysa bizim de gidecek başka hiçbir yerimiz yoktu.

DEDEM (Anneannemin kocası):

Annemin hiçbir şeyi yoktu bu dünyada. Sahip olduğu tek eşyası yatak örtüsüydü. Babamla her kavgasında onu toparlar, çantasına koyardı; giderken bir tek onu yanına alırdı. Bir erkek kardeşi, bir de o yıllarda, benim çocukluğumda yani, ağır hasta, bazen iyi bazen kötü olan bir babası vardı. Dedem de çok içki içerdi, sefayı severdi. Annem babasına duyduğu öfkeyi, bağışlayamamış olmayı evliliğinde de yaşadı.

Dedem o yıllarda Suadiye'de çok önemli bir köşkün bahçıvanıydı. Ama zampara bir adamdı. Şimdi baktığımda anlıyorum ki annemin hayatında dedemden babama uzanan karmik bir plan var.

Sıkı durun!!! Ya ANNEANNEMİN hikâyesi... Anneannemden bana uzanan karma denilen zincirin kırılışı...

Anneannem de annesiz, babasız büyüyor. İlk kocası sürekli eziyet eden, döven, söven, şiddet uygulayan bir koca. Kıskanç. Anneannem güzelliği dillere destan bir kadın ve bu yüzden eşi onu çok kıskanıyor. Evde devamlı perdeler kapalı, eşi evden çıktığında kapıyı üzerine kilitliyor. Perde arasından bakması bile dayak sebebi...

O kadar mutsuz ki evliliğinde, 20 yıldan sonra bir şekilde dedemi görüp âşık oluyor. Çocukları var. O zamanlar biri 16-17 yaşında, diğeri 19 yaşlarında ve askerde.

Kısacası anneannem Ankara'ya kocaya kaçıyor. Bir süre gizleniyorlar ve herkes onların peşine düşüyor. Dedem hiç evlenmemiş ve anneanneme sahip çıkıyor. Müthiş bir aşk başlıyor aralarında. Bir sene herkesten uzak, gizli saklı, kaçak bir aşk yaşıyorlar. Yani ilk eşini aldatıyor. Eşi duyuyor ancak hâlâ karısına âşık olduğu için boşanmaya yanaşmıyor. Tüm gururunu ayaklar altına alıp yolunu gözlüyor, hatasını anlıyor ama çok geç. 1 sene sonra anneannem dayıma hamile kalınca boşanmak zorunda kalıyor.

Çocuklarsa babalarının anneanneme yaptığı eziyeti ve yaşattığı sevgisizliği gördükleri için annelerini yargılamıyorlar. Aralarında küslük yok. Çocuklar anneannemin mutluluğunu destekliyorlar. Eski kocanın umudunu yitirip anneannemi boşamasından sonra dayım, dayımdan sonra da annem doğuyor. Anneannemle dedemin evliliği 8 yıl sürüyor. Ta ki anneannem teyzeme hamile kalıncaya kadar. Anneannem dedeme, "Ben bu doğumda ölürsem sakın evlenme, onların üzerine üvey anne getirme, eğer evleneceksen de çocuklarımı esirgeme kurumuna ver," diyor.

Ve anneannem doğumda ölüyor. Dedem öyle çok üzülüyor ki bir daha evlenmiyor. Çocuklarına hem ana hem de baba oluyor. Yıllar sonra da üzüntüsünden kansere yakalanıp hayata gözlerini yumuyor.

Dedem ölmeden önce kızı ortada kalmasın, ölür giderse kötü yola düşmesin, kimse ona sahip çıkmaz diye annemi evlendirmek istiyor. Annem babamı hiç sevmemesine rağmen evleniyor ve hayatı boyunca babamla mutsuz bir evliliği sürdürüyor.

KARMA 4.

Anneannem sebebi ne olursa olsun ilk eşini aldattı. Bu nedenle aldatma karması anneme geçti. Babam da annemi aldattı.

KARMA 5:

Annem çok güzel bir kadındı ve babam annemi hep kıskandı. Annem, anneannemin ilk kocasında olan karmayı yaşadı. Anneannem de ilk kocasını hiç sevmemiş. O da mecburen evlenmiş. Anasız, babasız olduğu için onu da amcası evlendirmiş. Böylelikle annem, annesinin karmasını yaşıyor. Annem zinciri anne olmasıyla birlikte kırıyor ve "Ben çocuklarımı bırakmayacağım," diyerek başka birine kaçıp gitmiyor. Yaşamadığı duyguyu, aşkı bizlerle yaşamaya çalışıyor annem. Eğer zincir çözülmeseydi ve annem de gidip anneannem gibi başkasına kaçsaydı, şimdi ben de başkasına kaçacaktım. Böylece hepimizin hayatında bu karma olacaktı.

DUALARA DİKKAT!!!

Dedem ilk evliliğinde ihanete uğruyor. Ve diyor ki "Allahım, karşıma öyle bir kadın çıkar ki, içi dışında olsun, ister karnı yırtık olsun, ister sakat olsun ama namuslu olsun!"

Babaannemin ise ilk kocası çok kıskanç, devamlı kadına şiddet uyguluyor. Hatta bir gün balta ile saldırıp, karnını yırtıyor. Babaannem yaklaşık dört sene gitmediği hastane kalmıyor. Dikişler tutmuyor, karnı sürekli açılıyor, dikiş yerlerinden iltihaplar akıyor.

Dedeme, "Karşı köyde bir kadın var, karnı yırtık ama namuslu..." diye Babaannemi tavsiye ediyorlar.

Ve dedemin duası tutuyor!!!

Babaannem ise şiddetten bıkmış ve dua ediyor. "Allah'ım beni bu adamdan kurtar, ister gözü görmesin, ister kulağı duymasın ama sevgi dolu olsun..."

Ve dedemle tanışıyorlar... Dedemin kulağı duymuyor!!!

Dedem babaannemin karnını tekrar ameliyat ettiriyor ve bu sefer operasyon başarılı geçiyor...

AMAN SİZ SİZ OLUN DUALARINIZA DİKKAT EDİN...

TÜM BUNLARI ANLATMA NEDENİM KARMANIN AİLE HAYATINDA KUŞAKTAN KUŞAĞA NASIL GEÇTİĞİNİ AKTARMAK İÇİNDİR.

HADİ ŞİMDİ SİZ DE KARMİK PLANINIZIN FARKINDA OLUN.

KARMA TESTİ

1. Aşk ve evlilik hayatınızdaki en büyük mutsuzluğunuz nedir?

2. Anne-babanızın evlilikleri nasıldı?

3. Ya anneanne-dede?

4. Babaanne-dede?

5. Hayatınızda size en yakın akrabanız?

6. O akrabanızın aşk ilişkilerindeki durumu nedir?

7. Bahtınızın kapalı olduğunu mu düşünüyorsunuz?

8. İstediğiniz aşk bir türlü size gelmiyor mu?

9. Aldatılıyor musunuz?

10. Aldatıyor musunuz?

11. Karşı cins sizden kaçıyor mu?

12. Hayata karşı güvensiz misiniz?

14. En yakın arkadaşlarınız ya da dostunuz dediğiniz kişiler nasıl bir aşk hayatı yaşıyorlar?

15. Eski ilişkilerinizde hatalı olduğunuzu düşündüğünüz durumlar var mı?

UNUTMAYIN SADECE AKRABALAR DEĞİL, DOSTLARIMIZ, KOMŞUMUZ, ARKADAŞLARIMIZ, İŞ YERİNDE TEMAS HALİNDE OLDUĞUMUZ KİŞİLERİN DE HATTA DÜŞÜNCELERİMİZİN BİLE KARMASINI TAŞIYABİLİRİZ. AMAN DİKKAT! BİR ARKADAŞINIZA SALIK VERİRKEN, HADDİNİZİ AŞMAYIN. DEVAMLI OLUMLU OLUM. HAYATTA HİÇBİR ŞEY GÖZÜKTÜĞÜ GİBİ DEĞİLDİR. HAYATINIZDAN BEDDUAYI VE KÖTÜ DUYGULARI UZAKLAŞTIRIN.

Şimdi yukarıdaki sorulara verdiğiniz cevapları siz de benim kendi hayatımı incelediğim gibi incelerseniz, hayatınızda ters giden olayların sebeplerini görecek ve zincirin nereden kırılması gerektiğine yine siz karar vereceksiniz. Bizler, hepimiz kendi hayatlarımızın mimarlarıyız, bunu unutmayın. Lütfen kendi hikâyenizi kendiniz yazın...

AŞK KUANTUMUNUN MADDELERİNE GEÇMEDEN ÖNCE HANGİ ZİNCİRİ KIRACAĞINIZI BİLEBİLMEK ADINA YUKARIDAKİ TESTİ CEVAPLAMANIZ ÇOK ÖNEMLİ. BU TESTİ CEVAPLARKEN LÜTFEN KALEM KULLANIN. ZİRA YAZARKEN DURUMUNUZA İLİŞKİN FARKINDALIĞINIZ ARTACAKTIR.

Bakın ben hayatımı nasıl değiştirdim?

Eşim Aşkın, bir arkadaşımın flörtünün arkadaşıydı. Kendisini çok önceleri rüyamda görmüştüm. Dedem rüyamda Aşkın'ı bana getirmiş ve "Sana kısmetini getirdim," demişti. Ve o yılbaşının sabahında arkadaşım beni Aşkın ile tanıştırdı. Onu görür görmez rüyamdaki adam olduğunu anladım. İlk bakışta aşk olur mu? Olur tabi... Ben eşime o an âşık oldum.

Gönül gözüm açık olduğu için o zamanlarda yarım yamalak da olsa arkadaşlarımın, astrolojik haritalarına, iskambil, tarot, kahve fallarına bakardım. O meşhur gün Aşkın'ın da burcuyla ilgili yorumlar yaptım. Ondan çok etkilenmiştim. Etkilendiğim için gönül gözüm daha da açıldı ve Aşkın'a yaşadıkları ve yaşayacakları ile ilgili yaptığım yorumlar onu şaşkına çevirdi.

Annem aşk nedir bilmiyordu, ama ben o an gerçek aşkı bulduğuma inandım. Ve annemin aşksızlık karmasını kırdım.

Ama gelin görün ki annem bana hep nasihat ediyordu; "Evleneceğin adam güçlü olsun, ayağı yere sağlam bassın, seni kimseye ezdirmesin, namuslu olsun, içki içmesin, şerefli haysiyetli olsun, seni çok sevsin ama asla kıskanmasın," diyordu.

Ve işte bu nasihatlerden "KISKANÇLIĞI" aldım. İnanılmaz bir kıskanç kadına dönüştüm. Anneannemin ilk kocası gibiydim. Çok kısa bir süre sonra Aşkın'la evlendik evlenmesine ama o zamanlar düşünce gücü, pozitif enerji vs... bilmediğimden kocamı acayip bunaltıyor, korkularıma onu da tutsak ediyordum. Eşim defalarca işinde battı. Çünkü ona devamlı negatif enerji yüklüyordum. Ne ben nefes alabiliyordum ne de Aşkın'a aldırıyordum. Hep kocamın beni bırakıp gideceği, terk edilme korkusu içinde olduğumdan kocam işinde ilerledikçe bilmeden, düşünce gücüyle, adamın işini gücünü engelliyordum. Ortaçağ Avrupa'sında yaşasaydım, herhalde beni cadı diye yakarlardı!

Etki-tepki meselesi... Ben korktukça, Aşkın'a baskı kurdukça o özgür ve serbest olmayı seçti. O dönemlerde beni aldattı mı, bilmiyorum, hiç hissetmedim böyle bir şey. Aldattıysa bile bilmek istemiyorum. Çünkü ben enerjiyle tanıştıktan sonra her şeyi affettim. Başta kendimi affettim. Siz de affetmeye kendinizden başlayın. Kendini affetmeyen, kendini sevmeyen, ne başkasını sevebilir ne de başkası tarafından sevilebilir. Ben değerliyim, üzülmeyi hak etmiyorum ve mutluluğu seçiyorum. Mutluluğumu da gölgelememek adına, ne geçmiş defterleri kurcalıyorum ne de eskiden yaptığım gibi eşimin özel eşyalarını karıştırıyorum. Ben şimdi eşimle, ailemle çok mutlu ve huzurluyum. Artık kendime güveniyorum. Kendimle birlikte eşime de güveniyorum. İçindeki Gücün Sırrını Keşfet isimli kitabımda fakirlikten zenginliğe nasıl geçtiğimi anlatmıştım; bolluğu ve bereketi hayatıma nasıl çektiğimi, korkularımdan nasıl kurtulduğumu...

Geçtiğimiz günlerde canımı sıkan bir olay yaşadım, hayrımaydı biliyorum, bir zamanlar korkudan peşini bırakmadığım eşim sırf ben üzülmeyeyim diye arabamı değiştirmeyi teklif etti. "Canım Aşkın'ım" dedim... "Arabamdan da, senden de, evrenin bana getirip götürdüklerinden de çok memnunum. Canımın sıkılmasına ben izin veriyorum ki sıkıntım geçtiğinde neşem daha da artsın. Teşekkür ederim teklifine, ama ben böyle çok iyiyim" dedim...

Kendinizi seviyor musunuz?

Dostlarım, müşterilerim bana gelip kocalarının onları aldattıklarından yakınıyorlar. Onlara ilk sorum şu oluyor:

"Kendini seviyor musun?"

Tabii ki herkes, "Evet," diyor.

Sorumu yineliyorum:

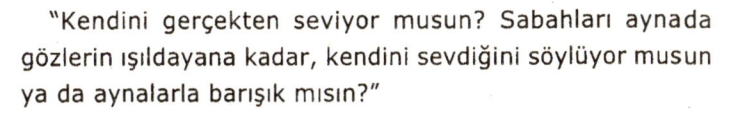

"Kendini gerçekten seviyor musun? Sabahları aynada gözlerin ışıldayana kadar, kendini sevdiğini söylüyor musun ya da aynalarla barışık mısın?"

Unutmayın; siz kendinizi sevmiyorsanız başkası niye sizi sevsin! Siz kendinize sadık değilseniz, kendinize bakmıyorsanız başkası size niye sadık olsun, size baksın. Evet, gerçekte soru şu...

Eşin seni aldatıyorsa, kadın ya da erkek fark etmez, "sen nerde hata yapıyorsun?" Bu kitapta size aşkı nasıl çekeceğinizi öğreteceğim, ama öncelikle siz sizde misiniz, kendinizi seviyor musunuz?

Bunlara cevabınız, yürekten evet değilse, bu kitabı okumak için zaman harcamanıza gerek yok. Gidin dersinizi çalışın. İlk ders, içtenlikle "Ben kendimi çok seviyorum," demeyi öğrenmeniz olmalı.

Yanlış anlamadınız, size bencilliği teklif ediyorum. Size siz olmayı teklif ediyorum. Zira bu bedeninizde siz siz olmazsanız, sizi öncelikle siz kaybetmişseniz, sizi eşiniz, aşkınız ya da başkaları nasıl bulsun?

Her şey insanın kendisinde başlar....

Şimdi bırakın aradı aramadı, geldi gelmedi, var yok, aldattı aldatmadı diye düşünüp durmayı.... Gidin, ılık bir duş yapın ve "Gerçek Aşk"ı ve "Maşuk"u yeniden keşfedelim...

Hem ılık bir duşun azaltamayacağı hiçbir acı yoktur...

İnsan ancak kendi içinde uyumlu olduğunda bir başkasıyla uyumlu olabilir.
İlişkide asıl önemli olan
başkası değil , kişinin kendisidir.

Krishnamurti

AŞK KUANTUMU 1. MADDE:
BEN VARIM VE KENDİMİ ÇOK SEVİYORUM.

SİZ DİYE BİRŞEY VAR MI?

SİZ SİZLİKTEN ÇIKMIŞSANIZ, AŞK YOLUNA ANCAK KENDİNİZİ SEVEREK ÇIKABİLİRSİNİZ...

Krishnamurti, 1895 yılında Hindistan'da doğdu ve 13 yaşındayken Theosophical Society tarafından "dünya öğretmeni" olarak seçildi. Krishnamurti'nin mesajları ne doğuya ne de batıya aitti; hiçbir dini içermediği gibi hakikatin "yolları olmayan bir ülke" olduğunu ve ona herhangi bir din, felsefe ya da tarikat aracılığıyla yaklaşılamayacağını söylüyordu.

O'nun diğer bilgelerden en büyük farkı, hiçbir zaman mürid kabul etmemesiydi. Bir dini lider gibi görülmeyi hiçbir zaman arzulamadı ve her zaman bir birey ile bir başka birey olarak konuşmayı yeğledi.

Krishnamurti'nin bu 'birey'e, 'bireysel'liğe verdiği önem onun ilişkiler üzerinde çok önemli çalışmalar yapmasına neden oldu. Benim size bu bölümde salık verdiğim, "kendinizi sevin, önce kendiniz olun" hususunda bakın Krishnamurti 1940'da Ojai'deki konuşmasında ne diyor?

"Çoğumuz için bir başkasıyla ilişki, ister ekonomik ister psişik olsun bağımlılığa dayanır. Bu bağımlılık korku yaratır, içimize sahiplenme tohumları atar, sonunda da sürtüşmeye, kuşkuya, düş kırıklığına neden olur. Bir başkasına, ekonomik açıdan bağımlılık yasalarla ve düzgün örgütlenmeyle ortadan kaldırılabilir, ama ben özellikle kişisel doyum, mutluluk, vb. için duyulan şiddetli istek sonucunda bir başkasına psişik bağımlılıktan söz ediyorum. Bu sahiplenici ilişkide insan kendini zenginleşmiş, yaratıcı ve etkin hisseder. Bu eksiksiz olma kaynağını kaybetmemek için insan bir başkasını kaybetmekten korkar, bu yüzden de bütün sahiplenici korkular beraberinde getirdiği sorunlarıyla ortaya çıkar. Öyleyse bu psişik bağımlılık ilişkisinde her zaman kulağa hoş gelen sözcüklerin ardına gizlenmiş bilinçli ya da bilinçsiz korku, kuşku olmak zorundadır. Bu korkunun neden olduğu tepkiyle insan çeşitli kanallardan güvenlik ve gelişme arar, kendini fikirleri ve idealleriyle soyutlar ya da doyumun yerini alacak şeyler arar.

İnsan bir başkasına bağımlı olsa da bozulmamış, bütün olma arzusu vardır. İlişkideki karmaşık sorun; bağımlılık, sürtüşme, çatışma olmadan nasıl sevileceğidir. Kendini soyutlama ve çatışma nedeninden kaçma arzusunun üstesinden nasıl gelineceğidir. Yaşam ilişkisiz olamaz ama biz onu kişisel ve sahiplenici sevgiye dayandırarak son derece acı verici ve tiksindirici bir hale dönüştürmüşüz. İnsanın sevip de sahiplenmemesi olanaklı mıdır? Gerçek yanıtı kaçışta, ideallerde, inançlarda değil, bağımlılığın ve sahiplenmenin nedenlerini anlayarak bulabilirsiniz..."

(Krishnamurti, İlişki Üzerine)

Krishnamurti'nin bu konuşması ve devamında asıl söz ettiği şey; bağımlılıklarımızın korkularımızı yarattığı ve bizleri sahiplenme adı altında sevdiklerimizle çatışmaya sürüklediğidir. Peki bu çatışmadan nasıl kurtuluruz? Krishnamurti'nin de bu soruya cevabı bireyselleşmedir. Toplumun koyduğu, dinimizin, ilişkilerimizin vs.. herkesin ve her şeyin bize sunduğu rolü kabul etmek yerine kendimiz olarak kendimizle uyumlu hale gelmeliyiz.

Ve kendiyle uyumlu olan bireyler ilişkilerde daha az çatışma yaşarlar.

Hadi yine bir test yapalım! Alın elinize kalemi ve satırları doldurmaya başlayın.

- Sen kimsin?
- Bu hayattan ne istiyorsun?
- Hayallerin neler?
- Güçlü yanların neler?
- Güçsüz yanların neler?
- Kaç kilosun?
- Aynalarla barışık mısın?
- Değer yargıların neler?
- Hayattaki en büyük erdem sence ne?
- Hayattaki en çok neden zevk alırsın?
- Sınırlarını nereye kadar genişletebilirsin?
- Sence zorla kabullenilmiş erdem, erdem midir?
- Seni en çok etkileyen insanlar kimler?
- O kişiler, ne diye seni etkilemeye çalışıyorlar?
- Yapmak istemediğin, ama yapmak zorunda olduğun şeyler neler?
- Peki bunu değiştirmek için ne yapabilirsiniz?
- Sence mutluluk nedir?
- Seni ne mutlu eder?
- Hüzünden korkar mısın?
- Hiç bütün bir ömür boyu ağlayan birini gördün mü?
- Ya da gülen?
- Acılar geçer mi?
- Unutmak istediklerin neler?
- Hatırlamak istediklerin neler?

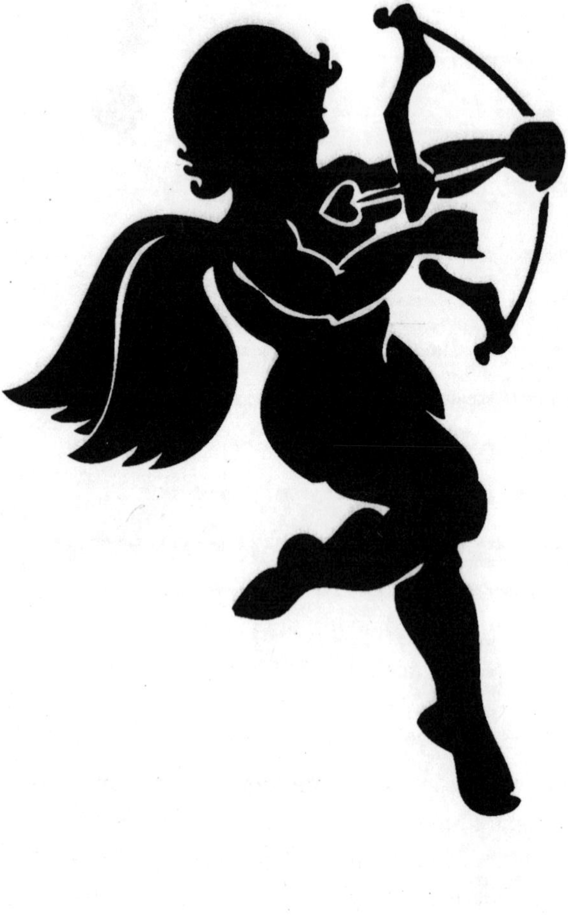

EROS

Erotik kelimesi bugün şehvete dair ne varsa onu anlatmak için kullanılıyor, şehveti çağrıştırıyor. Bu kelimenin kökeni olan isim ise Eros'tur.

Eros, eski Yunan'ın Aşk ve Şehvet Tanrısı olarak bilinir. Eros üremeyi temsil ettiği için aynı zamanda Bereket Tanrısı olarak da kabul görmüştür.

İnsanoğlu Eros'un ismiyle ilk olarak Anadolulu ozan Homeros'un İlyada eseriyle tanıştı ve bugüne kadar da hiç unutmadı.

İlk doğanlardan biri olduğu için en yaşlı Tanrılardan sayılır. Gerçek ailesinin kimler olduğuna dair çeşitli rivayetler bulunsa da Güzellik Tanrıçası Afrodit ile Savaş Tanrısı Ares'in çocuğu olduğu geniş kabul görür.

Kimi mitolojik öykülerde ise Afrodit'in yardımcısı, emrindeki bir kişi olarak da görünür.

Eros genelde ok ve yay taşıyan kanatlı bir çocuk olarak tasvir edilir. Çocuktur, çünkü yaptığı işler çocukça işlerdir. Elindeki oku ve yayı ile âşık etmek istediği kişinin kalbine nişan alır. Ok, kalbi bulduğunda ise aşktan artık kaçış yoktur.

Onun iki çeşit oku vardır: Altın uçlu ve kumru tüylerine sahip oku kime isabet ederse, onun âşık olmasına ve şehvet duymasına yol açar. Demirden ve baykuş tüylerinden olan kime isabet ederse o da karşısındakine karşı aşk ve şehvet hislerini kaybeder.

41

Yunan Mitolojisi'ne göre, insanların aşk ve şehvete kapılmasına neden olma gücü bulunsa da günün birinde kendi kötü talihinden kaçamamıştır. Güzelliği ile kadın ya da erkek her insanı kendine âşık edebilecek bir Tanrı olarak tasvir edilen Eros, günün birinde âşık olur. Hem de zarar vermesi gereken kişiye: Psike'ye.

Güzelliği kadar kıskançlığı da bilinen Afrodit, bir gün Miletos'taki tapınakların boşaldığını görüp sebebi olan Psike'nin güzelliğini kıskanmaya başlar. Eros'tan onu dünyanın en çirkin yaratığına âşık etmesini ister. Eros okunu Psike'nin kalbine atacak ve onu bir ejderhaya âşık ederek bedbaht olmasını sağlayacaktır.

Ancak beklenilen olmaz ve dünyaya inen Eros, Psike'nin güzelliğinden etkilenir. Onu etkileyen sadece dış görünüş değil, aynı zamanda insan ruhunun güzelliğidir. Eros, Psike'ye âşık olur.

İnsanların aşk acısıyla yanmasına neden olurken kendisi aynı duruma düşmüştür. Bu durumu Afrodit'ten gizler ve Psike'yi bir düş sarayına yerleştirir. Her gece ziyaret etmeye başlar. Ancak kim olduğunu sevgilisinden gizlemektedir. Psike'den buluştukları odayı karanlık tutmasını ister. Karanlıkta buluşur ve sevişirler.

Kısa sürede ona âşık olan Psike, bir gün merakına yenilir. Odaya sakladığı mumu, Eros uyurken yakar ve sevgilisinin yüzünü seyreder. Eriyen mumdan düşen bir damla Eros'un uyanmasına neden olur. Eros bunun üzerine çok kızar ve Psike'yi terk eder. Üzüntüden yıkılan Psike ise yıllarca Eros'u bulmak için dolaşıp durur. Aşk acısına düşen Eros da sürekli olarak annesi Afrodit'ten, Psike'nin bağışlanmasını istemektedir. Sonunda Zeus onların sesini duyar, isteklerini kabul eder ve kavuşmalarını sağlar.

Eros'un efsanesi böylece kuşaklar boyunca yayılmış ve günümüze kadar gelmiştir. Bugün şarkılardan filmlere, hatta reklamlara kadar pek çok yerde Eros imgesi kullanılmaya devam ediyor. İnsanlar, aşka ve şehvete dair hemen her kavramı ve ticari ürünü Eros ile ilişkilendirmeyi sürdürüyor.

Eros haylazdır, yaramazdır ama çocuktur. Hem çok kızdırır hem de kızılamaz! Ne yapsa affedilmenin bir yolunu bulur. Şekil değiştirebilir ve bu nedenle insanların arasında dolaşsa bile farkına varılmaz. Ancak etkisi hissedilir. Kimi zaman hiç beklenmedik aşklara da neden olabilir. Çünkü bazen okunu, sıkıntıdan atar ya da yayını gererken hedefinde olanların kim olduğuna bakmaz. Bu nedenle hiç olmayacak iki kişinin, bir zenginle yoksulun ya da asille halktan birinin âşık olmasına da neden olabilir. Olmayacak aşklara sebep olduğundan, kör olduğunu kabul eden öyküler de vardır.

Şimdi hayatını gözünün önünden geçir; gerçekte sen kimsin, sen var mısın?

- Nereye seyahat etmek istersin ve kiminle?
- Ya da nasıl biriyle?
- Eş, sevgili, arkadaşlarının sana nasıl davranmalarını istersin?
- Kendini seviyor musun?
- Seni en çok üzen kim?
- Seni üzmesine niye izin verdin?
- Şimdi olsa seni üzmesine izin verir miydin?
- Sence başkasına ne verebilirsin?
- Ya da başkası sende ne bulur?
- (Eğer bir kadınsan) Gerçek bir kadın mısın?
- (Eğer bir erkeksen) Gerçek bir erkek misin?

İki insanın ilişkisinde önemli olan kişinin kendini karşısındaki kişi üzerinden anlaması ve bulmasıdır. Yani yine konu bireyselleşiyor. Ve mutlu ilişkiler kişilerin kendilerini gösterebildikleri ilişkiler oluyor.

Şimdi burada siz siz olun derken gerçekten kendiniz olmanızdan bahsediyorum, ama ilişkiniz için fedakârlık yapmayın demiyorum. Tam tersine eşinizle ortak alanlarınız olmalı ve kendiniz olarak, onun taleplerine de aşkla karşılık verebilmelisiniz. Aksi taktirde paralel giden iki tren gibi olursunuz ve hiçbir şekilde bir araya gelmezsiniz. O ilişki de tatmin edici bir ilişki değildir.

Kadının ve erkeğin evliliklerde ve ilişkilerde kendilerine ait odacıkları olması lazım. Bakın:

Yukarıdaki şekilde kadın ve erkek ikisi de bireyselliğinin peşinde, birbirlerine teğet geçmişler. İkisinin de kendi özel hayatları var. Ancak, hiçbir şekilde kesişmiyorlar. Hayatlarında birbirlerine ait hiçbir heyecan, ortak alan yok. Böyle bir ilişki yürümez. En çok ayrılık bu grupta görülür.

Yukarıdaki şekilde kadının ve erkeğin hem özel hayatları kendilerine ait dünyaları hem de ilişkilerinde kesişen ortak paydaları var. İyi bir ilişki böyle olur.

Yukarıdaki şekildeki ilişki modelinde ise kadın ve erkek bireyselliklerini kaybetmiştir. Tamamen ortak bir hayat onları kendilerinden uzaklaştırmıştır. Kendilerine ait olan o küçücük alanda ise, kendileri olmadıkları için birbirleri hakkında söylenip dururlar.

Bu grupta ayrılıklar zor ve nadir olur. Hani duyarız ya 40 seneden sonra karıyı boşamış, genç bir sevgili almış vs. diye. İşte bu gruptakilerin riskleri bir gün karşılarına öyle biri çıkabilir ve ona şu ana kadar olamadığı kendisini gösterir, adam ya da kadın her şeyi bırakır ve gider. Kadın bütün gün konu komşu gezip kocasını şikayet etmektedir. Erkek de işinde "kadın milleti değil mi" diye söze başlar. İşte bu kadın ve erkek akşam olup da bir araya geldiğinde tüm gün birbirlerinin arkasından atıp tutukları ve negatif enerjileri yaydıkları için birbirlerinden nefret ederler. Ama asla ayrılamazlar zira ortak paydaları o kadar çoktur ki birinin yokluğu diğeri için kendi hayatının yokluğu gibidir. Oysa farkındalıktan uzak ilişki grubudur bu. Siz birliktelik için doğmuşsunuz. Ölüm meleğinin beyaz kanatları sizi ayırana kadar ayrılmayacaksınız. Allah'ın sessiz tanıklığında bile beraber olacaksınız. Ama birlikteliğinizde mesafeler bırakın; bırakın ki cennetin rüzgârları aranızda dans edebilsin... Birbirinizi sevin ama, aşk tutsaklığı istemeyin... Bırakın aşk, ruhunuzun kıyılarına vuran dalgalar gibi olsun...

Birbirinizin bardağını doldurun ama aynı bardaktan içmeyin; ekmeğinizden verin birbirinize ama aynı somundan ısırmayın... Birlikte şarkı söyleyin; lakin birbirinizi yalnız bırakmayı da bilin. Sazın telleri de yalnızdır ve armoni içinde aynı melodiyi seslendirir... Birbirinize kalbinizi verin ama karşılıklı kilitleyip saklamak için değil! Sadece hayatın eli o kalbi saklar! Birlikte durun, ama yapışmayın, tapınakların sütunları da bitişik değildir!

Ve unutmayın; meşe ile çınar birbirlerinin gölgesinde büyümezler...

Halil Cibran

O zaman önce kendimiz olacağız, kendimizi seveceğiz ve ilişkileri kendimizi kapatma ihtiyacı içinde değil tam tersi benliğimizin, kişiliğimizin açığa çıkarılması, kendimizi bulma süreci olarak tanımlayacağız. Ve eşimize ilişkimizde muhakkak özgürlük hakkı tanıyacağız.

Kim Üzebilir Seni Senden Başka?

Gidene kal demeyeceksin.
Gidene kal demek zavallılara,
Kalana git demek terbiyesizlere,
Dönmeyene dön demek acizlere,
Hak edene git demek asillere yakışır.
Kimseye hak etmediğinden fazla değer verme,
Yoksa değersiz olan hep SEN olursun.
Düşün;
Kim üzebilir seni senden başka?
Kim doldurabilir içindeki boşluğu? Sen istemezsen...
Kim mutlu edebilir seni? Sen hazır değilsen?
Kim yıkar, kim yıpratır? Sen izin vermezsen...
Her şey sende başlar, sende biter,
Yeter ki yürekli ol, tükenme, tüketme...
Tükettirme içindeki yaşama sevgisini!
Ya çare sizsiniz ya da çaresizsiniz...
Öyle bir hayat yaşadım ki cenneti de gördüm cehennemi de,
Öyle bir aşk yaşadım ki, tutkuyu da gördüm pes etmeyi de.
Bazıları seyrederken hayatı en önden,
Kendimi bir sahnede buldum; oynadım...
Öyle bir rol vermişlerdi ki okudum, okudum anlamadım.
Kendi kendime konuştum bazen evimde,
Hem kızdım hem güldüm halime.
Sonra dedim ki; SÖZ VER KENDİNE!
Denizleri seviyorsan dalgaları da seveceksin,
Sevilmek istiyorsan önce sevmeyi bileceksin,
Uçmayı biliyorsan düşmeyi de bileceksin,
Korkarak yaşıyorsan yalnızca hayatı seyredeceksin...
Öyle bir hayat yaşadım ki son yolculukları erken tanıdım.
Öyle değerliymiş ki zaman, hep acele etmem bundanmış anladım....

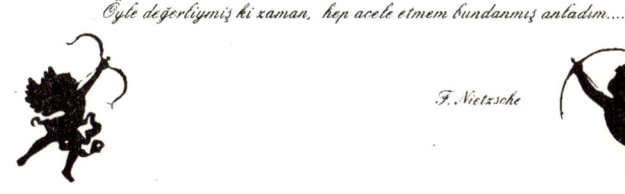

F. Nietzsche

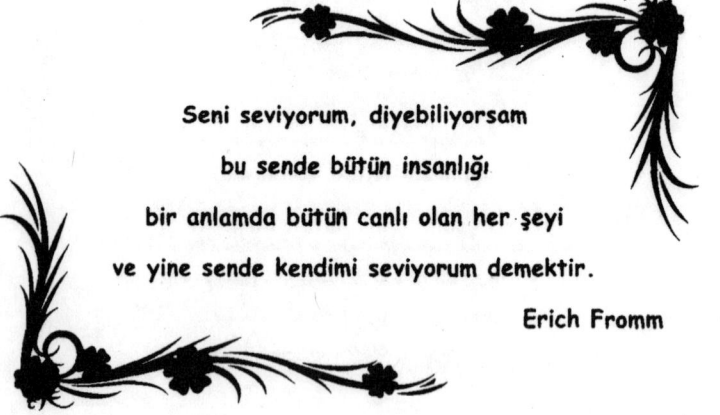

Seni seviyorum, diyebiliyorsam
bu sende bütün insanlığı
bir anlamda bütün canlı olan her şeyi
ve yine sende kendimi seviyorum demektir.

Erich Fromm

AŞK KUANTUMU 2. MADDE:
KALBİN EN BÜYÜK SIRRINI KEŞFEDİN...

EN BÜYÜK SEVGİ

Adamın biri rüyasında, upuzun bir kumsal boyunca yanında Tanrı ile yürüyormuş. Onlar yürürken tam karşılarındaki gökyüzünden bir film şeridi gibi adamın hayatından sahneler geçiyormuş. Kumsal adamın hayat yoluymuş sanki... Adam kumda iki çift ayak izi gördüğünde dikkat etmiş; bir çifti kendisinin bir çifti Tanrı'nın... Hayatının son sahnesi de gökyüzünden geçtikten sonra adam kumdaki ayak izlerine boydan boya bir daha bakmış ve birden bir şey dikkatini çekmiş. Hayat yolunun bazı bölümlerinde kumda sadece bir çift ayak izi görülüyormuş ve adam dehşet içinde fark etmiş ki hayatının en kötü ve en acılı anlarında ayak izleri ikiden bire düşüyormuş. Yani acılı anlarında bu yolu yalnız yürümüş. Bu keşfi onu fena halde rahatsız etmiş ve Tanrı'ya sormaya karar vermiş:

"Tanrım... eğer sana inanırsam senin yolundan gidersem her zaman yanımda olacağını, her zaman yanı başımda yürüyeceğini söylemiştin. Oysa hayat yoluma bakıyorum. En zorlu, en kötü, en acılı anlarımda sadece bir çift ayak izi görüyorum kumda. Anlayamıyorum Tanrım, anlayamıyorum... Hayatın kolay günlerinde yanımda yürürken sana en muhtaç olduğum anlarda beni niye terk ettin?"

Tanrı gülümseyerek cevap vermiş:

"Sevgili, çok sevgili evladım... ben seni çok sevdim ve hiç terk etmedim. Hayat yolundaki o zorlu sınav günlerinde; yani en acılı, en kötü anlarında kumda hep bir çift ayak izi gördün. Dikkat et ayak izleri teke indiğinde derinleşiyor. Çünkü o sıralar ben seni kucağımda taşıyordum."

Eğer hayatınızın merkezine kendinizi koyarsanız ve bu merkezi de Tanrı'nın ilahi ışığı ve sevgi ile doldurursanız hayatta hiçbir şey sizi üzemez...

İlahi ışıkla aydınlandığınız sürece de tüm güzellikleri kendinize çekersiniz. İyilik ve sevgi akmakta olan bir ırmaktır. Sadece içinizdeki engeller bu ırmağın size akmasına mani olabilir. Bu yüzden sevin kendinizi, inanın kendinize, tüm dirençleri ortadan kaldırın ve tüm güzel sevgiler size gelsin.

Tanrı bu dünyayı sevgi üzerine kurmuştur. Dönün bakın sağınıza solunuza: doğaya, renklere, seslere, kokulara, tatlara, bir kadifenin yumuşaklığına, duygulara... Siz yeter ki sevgiyi isteyin, negatif dirençlerinizi ortadan kaldırın. Kim engelleyebilir coşkun akan nehirlerin taşıdığı aşkın size gelmesini...

Önce kendiniz için çarpsın yüreğiniz, kanınız damarlarınızda sizin için hızla dolaşsın, gözleriniz parlasın Tanrı'nın bir parçası, yansıması olan kendinize baktıkça... Kendini sevmeyen, Tanrı'yı inkâr ediyor demektir. Bakın kendinize aynada; hadi kendinizi daha çok, daha çok sevin. Okşayın bedeninizi, hissedin varlığınızı. Hepimiz hediyeyiz, ışığız, bilgiyiz...

Yumun gözlerinizi ve sevgiyi hissedin. Yolları dik ve kayalık olsa da korkmayın, sevgiyi takip edin. Kanatlanın sevgi yolunda, vazgeçmeyin. Korkmayın bu uğurda düşmekten, incinmekten. Tüm negatif duyguları çıkarın hayatınızdan, sadece sevginin gülümsemesi kalsın yüreğinizde. Güneşe doğru uçun, uçun ki daha da aydınlanın. Kalbin en büyük sırrını keşfedin. Ağlamak da sevginin bir parçası, kahkahalarla gülmek de. Eğer ağlamamayı seçiyorsanız, amacınız sadece sevginin hazzı ise yolunuzdan saptınız demektir. Seçtiğiniz sevgisizlik yolunda acı azdır, ama kahkaha da azdır.

Sevgi yolunda tek bir şartla yürüyebilirsiniz; sevgi sizi bu yolda yürümenize değer bulursa. Ve o zaman her bir güne teşekkür ederek, bir şükür şarkısı söyleyerek uyanırsınız. Tıpkı Halil Gibran'ın dediği gibi...

Kayıtsız şartsız sevmeyi öğrenin...

İngiliz şair Tennyson bir şiirinde Çatlak duvarlar arasındaki güzel çiçek / Seni o çatlaklar arasından alacağım / Tüm kökleriyle birlikte elimde tutacağım der. Yani Tennyson'un tek arzusu çiçeğe "sahip olmak"tır. Hem de tüm kökleriyle birlikte, çiçek ölse de...

Oysa Japon şairi Matsuo Bashō'nun Haiku'sunda, şair çiçeği koparmak ne demek, ona elini bile sürmek istemez. Çiçeği görebilmek için yalnızca ona "dikkatlice bakmak, ardındakileri görmek" gerektiğini savunur. Ancak çiçeğin canlı kalması durumunda onunla 'varolabileceğini' söyler.

Tennyson'un ölümcül 'sahip olma' tutkusuna karşın Bashō'nun 'görme-olma' duygusu...

Hayat bazen çok ilginçtir. Birini seversiniz, o biri de sizi sever. İçiniz gider birbiriniz için, bastırdıkça duygularınızı içinizde patlamaya hazır bir bomba oluşur. O bomba bir gün pimi çekilip patlayabilir ya da sessizce bir köşe de için için yanarak bekleyebilir.

Ama bazen ona, sevdiğinize, zarar vermek istemeseniz bile bir dokunuşunuzla, çiçek misali, onu dalından koparıp yok edebilirsiniz. O yok olursa zaten onu kaybetmiş olacaksınız. Eğer o sizinse, zaten bir gün, eninde sonunda yolu sizinle kesişecektir.

Bu nedenle sabır ve tevekkülü elden bırakmamanız hayrınızadır. Eğer böyle bir duyguyu yaşıyor, sevdiğinizle dokunmadan sevişiyorsanız, işte bu gerçek ve ilahi bir aşktır. Çünkü gerçek sevgide bencillik yoktur. Karşı tarafın mutluluğu, varlığı sizin için önemlidir. Burada "farkındalık" ve "kaybetmeme" duyguları devreye giriyor.

Bu tip durumlarda Tanrı'nın kullarına "gerçek aşk" için yaptığı en büyük sınav 'sevgi'dir.

Ve bu haz sınavında bitki kökleri için toprağı kazarken hazine bulan adamın hikâyesini öğrenin...

HAZ

Haz bir özgürlük şarkısıdır,

Ama özgürlük değil...

Haz, arzuların tomurcuğudur,

Ama meyvesi değil...

Yükselişi çağıran bir derinliktir,

Ama ne derin ne de yüksek olandır...

Kafestekinin kanatlanışıdır,

Mekânla sınırlanmış değildir...

Haz, aslında bir özgürlük şarkısıdır...

Bu şarkıyı tüm kalbinizle söyleyin,

Ama şarkıda kalbinizi yitirmeden...

Gençliğin büyük bölümü hazzı arar,

sanki haz her şey gibi; ama yargılanır

ve azarlanırlar.

Ben onları ne yargılar ne azarlarım. Bırakın arasınlar...

Çünkü onlar arayışlarında yalnızca hazzı bulmayacaklar.

Hazzın yedi kız kardeşi vardır ve en küçükleri

bile hazdan daha muhteşemdir.

Bitki kökleri için toprağı kazarken hazine bulan

adamın hikâyesini duymadınız mı?

Aranızda daha olgun olan bazıları geçmişte yaşadıkları hazları,

sarhoşken işlenen yanlışlar misali, pişmanlıkla hatırlar.

Fakat pişmanlık aklın bulutlandırılmasıdır, uslandırılması değil.

Onlar hazlarını minnetle anmalıdırlar, bir yazın sonundaki hasat gibi.

Yine de onları unutmak rahatlatıyorsa, bırakın rahat kalsınlar.

Arayanlar kadar genç, hatırlayanlar kadar yaşlı
olmayanlar ise, ruhun gereklerini ihmal etmek veya
kabahat işlemek korkusuyla hazdan sakınırlar.
Fakat onları da yönlendiren hazdır;
bitki kökleri için toprağı titreyen ellerle
kazsalar bile onlar da hazineyi bulurlar.
Söyleyin bana, onlar kim ki ruhu gücendirsinler?
Bülbül gecenin sessizliğini veya ateş böceği
yıldızları gücendirebilir mi?
Ve sizin ateşiniz veya dumanınız rüzgâra yük olur mu?
Nasıl olur da ruhu, bir çomakla karıştırabileceğiniz
sakin bir havuz gibi algılayabilirsiniz?
Çoğunlukla, hazzı reddettiğinizde asıl yaptığınız,
varlığınızın gizli yerlerinde arzuyu depolamak olacaktır.
Bugün ihmal edilenin yarını beklemediğini kim bilebilir?
Ve bedeniniz, ruhunuzun müzik aletidir.
Ve güzel müzik veya anlaşılmaz
sesler çıkarmak size kalmıştır.
Şimdi kalbinize sorun:
Bizim için iyi olan hazla zararlı hazzı nasıl ayırabiliriz?'
Kırlara, bahçelere çıkın; öğreneceksiniz ki çiçeklerden
bal toplamak arının hazzıdır; balını sunmak ise çiçeğin...
Çünkü arıya göre çiçek yaşamın kaynağıdır.
Ve çiçek için arı sevginin ulağıdır.
Ve ikisi için ise, hazzın verilmesi ve alını
bir gereksinim ve bir vecdir...
Hazlarınızda arılar ve çiçekler gibi olun...

Halil Gibran

Eros Psuche

Hayalgücü bilgiden daha önemlidir.

A. Einstein

AŞK KUANTUMU 3. MADDE:
METAFİZİK EVREN DÜŞÜNCEYLE ÇALIŞIR!

Düşünce sistemimizin harekete geçirdiği elektronik sinyaller neticesinde maddenin en küçük yapı taşlarından olan kuarklar beynimiz tarafından yönlendirilebilmektedir. Düşünce sistemimizdeki dalgalar tıpkı cep telefonlarımızın yaydığı ve aldığı sinyallere benzer, gözle görülmez ama her daim çevremizde dolaşıp dururlar...

Düşüncelerimiz bir enerji boyutu yaratır çünkü aslında elektronik sinyallerden meydana gelmektedir. Tıpkı hayaller gibi... Dolayısıyla düşüncelerimiz kuantize olur ve burada önemli olan düşünce "kuant"larının nasıl yönetileceğidir. Eğer düşünce kuantlarımızı olumlu yerlere yönlendirebilirsek istemediğimiz hiçbir şeyle karşılaşmayız. Hani derler ya, "Sakınan göze çöp batar," diye, işte burada düşünce kuantlarımızın negatif kullanımı söz konusudur. Tabii ki hiç kimse başına kötü bir şey gelmesini istemez, ancak siz o negatif tasarımınıza ne kadar bağlanırsanız, kendinizce hislendirir, hatta şeklen beyninizde yaratırsanız korktuğunuz başınıza işte o zaman gelir... Aksine düşünce kuantlarımızı mutluluğumuz için de kullanabiliriz: daha mutlu bir yaşam, mutlu aşk ve ilişkiler, neşe dolu bir aile, işte başarı hatta sporda bile başarı. Başarıyı olumlu düşünce gücümüzle yakalayabiliriz. Ancak sadece düşünce yönetiminin kuantum teorilerini bilmek, hayattaki mutluluğu sağlamaz. Önemli olan bunu bilmek, uygulamak, inanmak, hissetmek ve defalarca deneyimlemektir.

Aslında çok kolaydır. Yolu deneylemekten ve inançtan geçer.

Her an, her saniye evrene enerji sinyalleri göndeririz. Bu sinyalleri alabilmesi için karşımızdakinin bizim yanımızda olmasına gerek yoktur; kilometrelerce uzakta, dünyanın bir diğer ucundaki kişiye de bu sinyalleri ulaştırabiliriz.

İstemsiz gönderdiğimiz sinyaller daha güçlüdür çünkü içinde sinyalin enerjisini kıracak direnç yoktur. Daha önce de söylediğim gibi tıpkı cep telefonu sinyali gibi...

Dolayısıyla kimin için gerçekte ne düşünüyorsak, o kişi bu sinyalleri alacaktır. Düşüncemizin öznesi kişi değil, bir hayal de olabilir, tutku da...

Ve evrene ne sinyal gönderirseniz, evrenin manyetik alanına çarpıp aynı sinyal size geri dönecektir.

Dönerken de size mesajlar getirecektir. Dolayısıyla düşüncelerimize haddinden fazla önem vermeli, dikkat etmeliyiz. 1. ve 2. maddelerde sizi kendiniz ve sevgiyle tanıştırmak istememin nedeni buydu.

Önce kendinizin farkında olun ve sevgiyle evrene mesajınızı iletin.

Sakın mesajınızın kirlenmesine izin vermeyin. Aklınıza gelen her kötü şeyi Allah'a havale edin, iyi duygular sizinle kalsın.

Burada öğrendiğiniz bilgileri, bolluk ve bereket için, sağlık için, mutlu bir aile için hayalgücünüzün sınırsızlığı içinde hayatınızın her alanında kullanabilirsiniz.

Ama bizim konumuz aşk, hem de "gerçek aşk"!

Aşk

Aşkı konuşmak için dudaklarımı kutsanmış ateşle temizledim, ama hiçbir sözcük bulamadım.

Aşktan haberdar olduğumda sözler cılız bir hıçkırığa dönüştü, yüreğimdeki şarkı derin bir sessizliğe gömüldü.

Ey bana gizlerinin ve mucizelerinin varlığına inandığım Aşk'ı soran sizler,

Aşk peçesiyle beni kuşattığından beri ben size aşkın gidişini ve değerini sormaya geliyorum.

Sorularımı kim yanıtlayabilir? Sorularım kendi içimdeki için; kendi kendime cevaplamak istiyorum.

İçinizden kim, içimdeki benliği bana ve ruhumu ruhuma açıklayabilir?

Aşk adına söyleyin, yüreğimde yanan, gücümü tüketen ve isteklerimi yok eden bu ateş nedir?

Ruhumu kavrayan bu yumuşak ve kaba gizli eller nedir; yüreğimi kaplayan bu acı sevinç ve tatlı keder şarabı nedir?

Baktığım bu görünmeyen, merak ettiğim açıklanamayan, hissettiğim hissedilemeyen şey nedir?

Hıçkırıklarımda kahkahanın yankısından daha güzel, sevinçten daha mutluluk verici bir keder var.

Neden kendimi beni öldüren ve sonra şafak sökene kadar tekrar dirilten, hücremi ışığa boğan bu bilinmeyen güce veriyorum?

Uyanıklık hayaletleri kurumuş gözkapaklarımın üstünde titreşiyor ve taştan yatağımın etrafında düş gölgeleri uçuşuyor.

Aşk diye seslendiğimiz şey nedir? Söyleyin bana, bütün anlayışlara sızan ve çağlarda gizli olan o sır nedir?

Başlangıçta olan ve her şeyle sonuçlanan bu anlayış nedir?

Yaşam'dan ve Ölüm'den, Yaşam'dan daha acayip, Ölüm'den daha derin bir düş oluşturan bu uyanıklık nedir?

Söyleyin bana dostlar, içinizde Yaşam'ın parmakları ruhuna dokunduğunda Yaşam uykusundan uyanmayan biri var mı?

Yüreğinin sevdiğinin çağrısıyla babasından ve annesinden vazgeçmeyecek kimse var mı?

İçinizden kim ruhunun seçtiği kişiyi bulmak için uzak denizlere açılmaz, çölleri aşmaz, dağların doruğuna tırmanmaz?

Hangi gencin yüreği tatlı nefesli, güzel sesi ve büyülü dokunuşlu elleriyle ruhunu kendinden geçiren kızın peşinden dünyanın sonuna gitmez?

Hangi varlık dualarını bir yakarış ve bağış olarak dinleyen bir Tanrı'nın önünde yüreğini tütsü diye yakmaz?

Dün kapısından geçenlere Aşk'ın sırları ve değeri sorulan tapınağın girişinde durmuştum. Ve önümden çok zayıflamış, yüzü hüzünlü yaşlı bir adam iç çekerek geçti ve şöyle dedi:

'Aşk bize ilk insandan beri bağışlanmış bir güçsüzlüktür.'

Yiğit bir genç karşılık verdi:

'Aşk, bugünümüzü geçmişe ve geleceğe bağlar.'

Ardından kederli yüzlü bir kadın hıçkırarak şöyle dedi:

'Aşk, cehennem mağaralarında sürünen kara engereklerin ölümcül zehridir.

Zehir çiy gibi taze görünür, susuz ruhlar aceleyle içer onu; ama bir kere zehirlenince hastalanır ve yavaş yavaş ölürler.'

Sonra gül yanaklı bir kız gülümseyerek dedi ki:

'Aşk, Şafak'ın kızları tarafından sunulan ve güçlü ruhlara güç katıp onları yıldızlara çıkaran bir şaraptır.'

Ardından çatık kaşlı, kara giysili, sakallı bir adam geldi:

'*Aşk, gençlikte başlayıp biten kör cahilliktir.*'

Bir başkası gülümseyerek açıkladı:

'*Aşk, insanın tanrıları mümkün olduğunca fazla görmesini sağlayan kutsal bir bilgidir.*'

Sonra yolunu asasıyla bulan kör bir adam konuştu:

'*Aşk, ruhlardan varlığın sırlarını gizleyen kör edici bir sistir;*

yürek tepeler arasında sadece titreşen arzu hayaletlerini görür ve sessiz vadilerin çığlıklarının yankılarını duyar.'

Çalgısını çalan genç bir adam şarkı söyledi:

'*Aşk, ruhun çekirdeğindeki yangından saçılan ve dünyayı aydınlatan bir ışıktır.*

Yaşam'ı bir uyanışla diğeri arasındaki güzel bir düş olarak görmemizi sağlar.'

Ve paçavraya dönmüş ayaklarının üzerinde sürüklenen güçsüz düşmüş çok yaşlı bir adam titrek bir sesle şunları söyledi:

'*Aşk, mezarın sessizliğinde bedenin dinlenmesi, Sonsuzluk'un derinliklerinde ruhun huzura ermesidir.*'

Ve onun ardından gelen beş yaşındaki bir çocuk gülerek dedi ki:

'*Aşk, annemle babamdır, onlardan başka kimse bilmez aşkı.*'

Ve böylece Aşk'ı tarif eden herkes kendi umutlarını ve korkularını bıraktı önüme sır olarak.

O anda tapınağın içinden gelen bir ses duydum:

'*Yaşam iki yarıya ayrılmıştır: biri donar, biri yanar; yanan yarı Aşk'tır.*'

Bunun üzerine tapınağa girdim, sevinçle diz çökerek dua ettim:

'*Tanrım, beni yanan alevin besleyicisi yap...*

Tanrım beni kutsal ateşine at...'

Halil Gibran

Düşüncelerinizin sorumluluğunu alın.
Onlarla istediğiniz her şeyi yapabilirsiniz.

PLATO

AŞK KUANTUMU 4. MADDE: DÜŞÜNCE YÖNTEMİ İLE AŞKA HAZIRLIK VE SEÇİMLER...

Zihinsel açıdan kendinizi ne kadar kontrollü ve güçlü hissederseniz bakış açınız da o kadar olumlu olacaktır. Mutlu aşkın kollarını açmış sizi beklediğini düşündüğünüzde sizde kollarınızı ona doğru açmış olacaksınız. Aşkın sizden kaçtığını ya da kısmetinizin kapalı olduğunu düşündüğünüzde ise kollarınızı ve kalp çakranızı kilitleyecek ve aşka doğru yelken açamayacaksınız. Bu nedenle önce endişelerinizden sıyrılın. Bu evren çok büyük ve gerçek aşkınız bir yerlerde sizi bekliyor, sizi istiyor. Sizin ona koşmamanız onu da duraksatıyor. Haydi harekete geçin. Güneşin altında kollarınızı açın ve kendi ekseninizde dönün. İsterse hayatınızda kimse olmasın, siz yine de aşağıdaki olumlamaları yapın ve kendinizi, ruhunuzu, varlığınızı aşka hazırlayın.

Ben, aşka hazırım...

Ben, aşkı tüm varlığımla kabulleniyorum.

Ben, bu evrende seviyor ve seviliyorum.

Ben, tüm korku ve endişelerimle yüzleşiyorum ve gerçek aşkı kabul ediyorum.

Ben, benim ve tüm evrenin hayrına olacak gerçek aşkı istiyorum.

> **UNUTMAYIN:**
> Hayatımız tanıksız geçmez...

Bu gezegende milyarlarca kişi yaşamakta ve o milyarlarca kişi de aynı 'gerçek aşk' hayalinin peşinde... Biri ya da birileri, zira birden çok olma durumu da vardır, muhakkak sizin gerçek aşkınız.

Çünkü bu hayatta herkesin bir tanığa ihtiyacı var ve herkesin de bir tanığı var.

Yeter ki gönül gözünüz onu görebilsin. O tanık belki çok yakında belki de dünyanın öbür ucunda, sen kollarını aç ve bir adım at, o sana koşarak gelecektir.

Hadi şimdi düşünce yönteminiz üzerinde yeniden düşünün. Düşünce sisteminizi değiştirdiğinizde hayalgücünüz gelişecek, sınırları zorlayacak, risk almaktan korkmayacak böylelikle de yepyeni fırsatlar yaratacak, içinde bulunduğunuz durumdan bir 'kuantum sıçramasıyla' dışarı atlayacak ve mutlu aşkı 'gerçek aşk'ınızla yaşayacaksınız.

Düşünce yöntemi testi:
Endişe ve korkuları ortaya çıkarma

Aşk hayatınız nasıl?

Sizi aramıyor mu?

Yeteri kadar sizinle ilgili değil mi?

Başkası mı var?

Sizin varlığınızı yok mu sayıyor?

Mutlu değil misiniz?

Bu kişiyi kendinize düşünce gücü yöntemleriyle bağlayabilirsiniz. Ama bu kişi sizin evrenden beklediğiniz gerçek aşkınız mı?

Kitap okuyor musunuz?

Gazete okuyor musunuz?

Kendinize zaman ayırıyor musunuz?

Sinemaya gidiyor musunuz?

Spor yapıyor musunuz?

Dünya görüşünüzü geliştirmek için neler yapıyorsunuz?

Yaşadığınız ortamın farkında mısınız? Dışarıda nasıl güzelliklerin, hangi tip aşkların yaşandığını biliyor musunuz, yoksa siz kendi kutunuz için de mi bir aşk hayal ediyorsunuz? Tamam, bu aşk sizin olabilir de aynı kutu içinde sıkışıp birbirinizi ezmeyin. Sizce gelişemeyecek aşk gerçek aşk olabilir mi?

Güzel sözler söylüyor musunuz?

Devamlı gülümsüyor, onu da gülümsetebiliyor musunuz?

Sevginin ışığını gözlerinizden dışarı yansıtabiliyor musunuz?

Bu aşka hazır mısınız?

Güneş bugün sizin için bir farklı doğdu mu ya da bazen doğar mı?

Neşeyle ne zaman bir şarkı söylediniz?

Onu çağırmaya hazır mısınız?

Size bütün bu güzel duyguları veren sizin gerçek aşkınız mı? Beklediğiniz aşk mı?

Onu kaybetmekten veya onu bulamamaktan endişeleniyor musunuz?

Korkularınız ne?

Beklentileriniz ne?

Onun için neler yapamazsınız?

O sizin için neler yapamaz?

Hadi, gelin bunların cevabını verin. Evrenden beklediğiniz aşkı güzel sözlerle kendinize çağırın. Korkularınızla ve endişelerinizle yüzleşin, kabule geçin ve olumlama yapın.

Ben bu evrende güvendeyim, korkularımı ve endişelerimi kabul ediyorum, onlardan kurtulmayı seçiyorum.

Artık tüm güzellikler benimle.

Artık hep güzel sözler söyleyeceğim ve kendimi evrenin sevgi enerjisiyle dolduracağım.

Amerika'da bir deney yapılmış. 4 bardak suyu yalıtılmış odalara koymuşlar. 1. odadaki suya klasik müzik, 2. odadaki suya 'heavy metal' müzik dinletmişler. 3. odadaki suya ise bir kadın güzel sözler söylemiş. 4. odadaki suya da bir adam küfürler yağdırmış. Sonra bu suları dondurmuşlar. Mikroskop altında suyun kristalleşmelerini incelemişler. 1. ve 3. odadaki sular muhteşem bir yapı gösterirken, 2. ve 4. odadaki sulardaki kristalleşmelerde bozulmalar saptanmış.

İnanamadınız değil mi? Bu gerçek bir deney. Dolayısıyla bu yumuşaklığın ve güzel sözlerin evrendeki suyu bile ne kadar etkilediğini gösteriyor. İnsan vücudunun yüzde 66'sı, insan beyninin yüzde 75'i sudur.

Tavuğun yüzde 75'i, karpuzun yüzde 95'i, filin yüzde 70'i, ağacın yüzde 75'i ve portakalın da yüzde 80'i sudur.

E hal böyle olunca, isterseniz sizde birbirinize güzel sözler söylemeyin. İster karpuz yerken, isterse tavuk vs. kötü sözlerle yediklerinizin bile yapısını bozabilirsiniz.

Şimdi güzel söz söylemenin ve güzel düşünmenin önemini biraz olsun anlatabildim mi?

İÇİNİZDEKİ TÜM NEGATİF DİRENÇLERİ KIRIN VE SUYUN DAHA GÜZEL AKMASINI SAĞLAYIN.

Düşünce şeklinizi değiştirdiğinizde hayatınızı da değiştireceksiniz.

Seçimler...

Tercih ettiklerimiz hayatımızda olanlardır, tercih etmediklerimiz de arka plana sakladıklarımız. Bu nedenle gerçekliğimiz her an değişebilir. Bugün önde olan yarın arka plana atılabilir ya da tam tersi olabilir. Burada söylemek istediğim şey, tercih etmediklerimiz bile potansiyel gerçeklerimizdir.

Bu nedenle geçmişte verdiğiniz karardan pişmansanız, pişman olmak yerine harekete geçin ve o tercihinizi bugünün gerçekliği haline getirin. Hiç zor değil. Sadece harekete geçmek gerek.

Soru: Bu şekil iç bükey mi, yoksa dış bükey mi?

Cevap: Önemli olan bakış açısı. Gerçekliği siz yaratırsınız. Aşkta da durum böyle. Neye inanırsanız, neye inanmayı tercih ederseniz o doğrudur. Bu çizgide ne gördüğünüze siz karar verin. Size bir iç bükey lazımsa onu iç bükey olarak değerlendirin ya da tam tersi... *Sizin kararınız, sizin tercihleriniz aşk hayatınızı belirleyecektir.*

GERÇEKLİĞİMİZ SEÇİMLERİMİZDİR...

Bu seçimlerle ister dünyayı kendinize zehir edersiniz, isterseniz de coşkuyla aşkı yaşarsınız. Karar sizin.

OLUMLU DÜŞÜNÜN VE YAŞAMI GÜZELLEŞTİRMEK İÇİN BİR ARADA OLUN, ZORLAŞTIRMAK İÇİN DEĞİL...

Bir insan doğru aşkı nasıl bulur?

Öncelikle koşulsuz sevgi çok önemli. Eğer sevginizi kafanızda bir nedene, bir koşula bağlanırsanız doğru olanın da yolundan çıkmasına neden olursunuz. Sevmeye ve sevilmeye önem vermek gerekiyor. Niyet edip serbest bırakmak gerekiyor. Onu bir kılıfa sokmak veya bir nedene bağlamamak gerekiyor. Koşulsuz sevginin ne olduğunu bilirsek, karşımızdaki insanı değiştirmeden, kalıplara sokmadan, tam olduğu haliyle kabul edip seversek, mükemmel aşkı hem hayatımıza çekeriz hem mükemmelin mükemmelini yaşarız.

Aşk enerjimizi severek yükseltiriz. O enerji yükseldiği zaman gerçek aşk gelir görür sizi. Çünkü enerjiniz parlıyordur. Aşk bütün bedenin uzuvlarına o kadar güzel sinyaller yayar ki! Gözlerin içi parlar. Cilt parlar. Dikkat edin, âşık olan insanlar kendine daha iyi bakar. Halbuki âşık olmadan önce kendinizi aşka hazırlamanız lazım.

Peki insan kendini aşka nasıl hazırlar?

Âşık olmadan önce âşık olduğunuzda yaşayacağınız duyguları hissetmelisiniz..

Kendinizi aşka hazırlamak için:

Örneğin; banyo. Aşk için kırmızı güller, kırmızı mumlar, pembe iç çamaşırları... Aşka niyet edip kalp çakrasını harekete geçirerek kendimizi beden ve ruh olarak buna hazırlamamız lazım.

Aşk kapınıza gelmeden önce hazırlanmalısınız.

Aşkı yaşamaya niyet et ve hazırlan.

Örneğin; kadın âşık olur, adam âşık olur, birlikte yürüyüşlere başlarlar. Yalnızken sadece bekler, kilo üstüne kilo alır, oturur arkadaşlarıyla tırnaklarını yer, hep şikayet eder, sinemaya bile gitmezler.

Tek başına olmanın, farkındalığın farkına varmanın, güzel olduğunu hissetmenin önemi yaşanmalı. Kadın ve erkek aşka böyle hazırlanmalı. Niyet etmeli. Nasıl birini istiyor? Ama önce sen kimsin? Neye benziyorsun? Kimi çekmelisin hayatına? Kusurların varsa kendine benzer olanı çekeceksin, bunu sakın unutma.

"Hep aynı adamlar beni buluyor," derler. Oysa siz çekiyorsunuz onları hayatınıza. İsimler değişir, kişilikler aynı kalır. Diğer taraftan hep aynı tür ilişkiler yaşadığınız için şikâyet ediyorsanız bir öncekini bağışlamıyor, kendinizin yaptığı hataları görmüyor ve hep benzer ilişkileri hayatınıza çekiyorsunuzdur. Bir aşk yaşıyor ve bir önceki ilişkisindeki hatalarını, kusurlarını düzeltmiyor, ardından da başka bir ilişkiye başlıyor ve "İşte tamam. Hayatımın aşkını buldum," diyorsanız yanılıyorsunuzdur...

Öncelikle ruhunuzu hazırlamanız gerek. Aksi takdirde birkaç ay ya da birkaç gün sonra bir öncekinin benzeri bir ilişki yaşarsınız. "Hep aynı insanlar mı?" diyorsunuz... E öncekini bağışladın mı, affettin mi? Önceki ilişkindeki kusurlarını çözdün mü? Kabule geçtin mi? Eksik yönlerini tamamladın mı? Fazla yönlerini törpüleyip arındırdın mı ki bugünkü ilişkinden çok iyi şeyler bekliyorsun?

Aşka hazırlanmak için bilinçaltınızı tertemiz yapmanız önemli...

Akşama randevun var. Hazırlanıyorsun. Yemeğe gideceksiniz. Onu etkilemek istiyorsun. Öncesinden ne yapacaksın?

Gitmeden önce sevgini gönder. Sevgin onu hazırlasın sana. Heyecanı ve beğenilmeme şuurunu, endişeni bitir. Sen kendini beğeniyorsan, sen kendini hazır hissediyorsan mükemmel bir buluşma ve akşam yaşayacaksındır. Sadece kendini incele. Kendini düşün. İlişki olacaksa da olmayacaksa da hayrına. Başlamayan her şey kayıp değildir. Bir sonraki için daha hayırlıdır. Aşkın rengi kırmızı ve kalp çakrasının rengi de yeşil olduğu için buluşmalara giderken yaşamlarınıza aşk enerji çekmesi için üstünüzde kullanamazsınız da iç çamaşırlarınızda muhakkak bu renkleri kullanın. Buluşmaya gitmeden önce muhakkak banyo yapın. Eğer varsa, üzerinizdeki olumsuz enerjiyle gitmeyin randevunuza. Su arınmadır. O gün kaya tuzu, deniz tuzuyla banyo yapın. Bu sizin negatif enerjinizi, endişelerinizi giderir. Unutmayın; bir ılık duşun azaltamayacağı acı yoktur. Paklanmak kendinizi iyi hissettir.

Banyonuza gül yaprakları serpiştirin. Kocaman yazılarla etrafa "seni seviyorum" yazın. Manikürünüzü, pedikürünüzü ya da kişisel bakımınızı yaptırın. İnsan kendini bakımlı ve temiz hissettiği zaman karşısındakine de o hissi verir. Mesela ben takma kirpiklerimi takmadığım zaman kendimi mutsuz hissediyorum. Konsantre olamıyorum. Ben bunu kendime yapıyorum. Takma kirpiklerimi takmadığım zaman kendimden rahatsız oluyorum. Kirpiklerimi taktığım zaman gözlerim daha güzel bakıyor bana. Mana ve anlamı görüyorum. Ben güzel bir kadınım. Güzelliğime güzellik katmayı seçiyorum. İstiyorum ve niyet ediyorum, bu kadar. Pazartesi, perşembe ve cumartesi günleri kendime bakım yapar, yaptırırım. Eğer kendini iyi hissetmiyorsan o randevuya gitme. Çünkü zaten istediğin enerjiyi veremeyeceksin. "Benim, evrenin ve onun hayrına ise bu ilişkinin oluşmasına izin veriyorum," deyin.

Doğru insanı seçemiyor, devamlı birileriyle birleşip ayrılıyor musunuz?

Travma üzerine bir aşk inşa edilmez. Böyle bir ilişkiler silsilesi yaşıyorsanız dengeye geçmesi gereken yönlerinizi görmelisiniz. Kendinizle yüzleşin. Hep karşısındaki insanlarda kusur arar insanlar. Hep suçlu olan hayatına girendir. Gönderir, bir sonraki gelir ve bir öncekinin aynısıdır. Bu böyle devam eder. Burada karmik bir plan yaratılır. Evlenir, boşanır, dağılır. Yine evlenir, boşanır, dağılır. İlişkilere eski nefreti ve öfkeyi taşımamak lazım. "Seninle yaşadığım her şeyi şimdi, şu andan itibaren kabul ediyorum. Sen artık yolunda özgürsün," diyerek olumlama yapmak lazım. "Seninle bu evrendeki bağımı kesiyorum.

Seni özgür bıraktım," demeli insan hayatından çıkardıklarına. Ya da diyelim ki ben Ahmet'e âşık oldum. Sorunlu bir ilişki yaşadım. Bunu çözebilmem için "Onun bana yaşattığı üzüntüler neydi?" sorusunu sorgulamalıyız. Duygularımızı anlatarak bazen ortaya çıkaramayız, ama yazarsak bütün gerçekleri görür, zihnimizi boşaltırız. "Bu ilişki bana neler katmış? Neler almış, götürmüş benden? Ben ne yapmışım bu ilişkide? Ne öğrenmişim? Hatalarım ne? Eksik yönlerim ne? Bana katkısı neydi? Görevi neydi? Ya da bendeki fazlalık neydi bu ilişkide törpülediğim? Eksik olan yönüm neydi de tamamladım?"

Sonra, ilişki bittiyse, "Hay Allah seni kahretsin, bu beraberlikte içime ettin, mağdur durumda bıraktın, işimden oldum, paramdan oldum," demek yerine neler kattığına bakalım, neleri alıp temizlediğine bakalım. Sonra da oturalım, diyelim ki; "(İsmi), seninle yaşadığım her şeyin sorumlusu benim. Öğretilerinden dolayı teşekkür ediyorum. Seninle yaşadığım bütün deneyimleri sevgiyle kabul ediyorum. Ve bugün, bu evrende seninle olan bağımı sevgiyle kesiyorum. Seni yaşam yolunda özgür bırakıyorum. Yolun açık olsun." Bunu yürekten söylediğimiz anda geçmişle göbek bağımızı kesmiş oluruz. Ve bir sonraki ilişkiye de karma yaratmamış oluruz.

Bu çalışmayı yaptıysak, sonrasında zaten, "Mükemmel bir ilişki yaşayacak mıyız?" diye hayıflanmamıza gerek yok. Kendimizi aşka hazırlayacağız.

Aşkı bitmiş olanlar travmalar yaşarlar. Böyle bir durumdaysanız hemen eski sevgiliyi sevgiyle affedin. Göbek bağını da kesip geçmişi sıcaklıkla anın. Hatta yaşadıklarınızı, her şeyi bir kâğıda yazın. Sonunda da, "Bugün, bu evrende bu kadar güzel itirafları yaptığım için kendime teşekkür ediyorum. (İsim) ona da teşekkür ediyorum. Onu yolunda özgür bırakıyorum. Seni bağışlıyorum. Kendimi de affediyorum. Teşekkür ederim," deyin ve yazdığınız kâğıdı yakın. Bu çalışmayı 7 gün üst üste yapın.

Erkek nasıl tavlanır?

Her şeyden önce yüksek enerjiyle tavlanır. Gözler çok önemlidir. Ruhumuzun aynası gözlerimizdir. Biriyle konuşurken onun gözlerinin içine bakın. Ben eşimle konuşurken öyle yapıyorum. Gözünün içine baktığınız bir insan kafasını sizden çeviremez. Sakin olup telaşı bırakmak lazım. Ve iyi bir dinleyici olmanız lazım. Erkekler genelde anne ararlar. Sizin anne olmamanız lazım. Dişi olun, kadın olun; onun bir annesi var. Siz sadece kadın olmaya bakın, anne olma enerjisine farkında olmasanız dahi girmeye kalkarsınız, ilişkiniz evliliğe dönerse ya da döndüğünde, günün birinde adam elinde kumandayla sadece televizyona bakar. Çünkü çocuklar annesiyle sadece konuşur. Ama eş, eşiyle birlikte olmalıdır. O yüzden anne enerjisine girmeyin. Eşiniz sizinle ilgilenmiyorsa sizi evde bir eşya gibi görüyordur. Artık siz o evin koltuğu gibi demirbaş eşyası olmuşsunuzdur.

Sevdiğini kendine nasıl bağlarsın?

Önce huzurla... Gereksiz konuşursan, şikayet eden bir kadın olursan, geçmişi eleştirip temcit pilavı gibi önüne getirirsen uzaklaştırırsın adamı kendinden. Burada da bağışlayıcı olmak gerekiyor. Geçmiş deneyimlerin hepsi için kabule geçip dinleyici, sakin ve aşka odaklı olursan onu kendine bağlarsın. "Bu ilişki ne olacak, bizim sonumuzda ne olacak," gibi düşünürsen tamamen kaybedersin. Hem kendini hem onu kaybedersin. Enerjini yükselteceksin ve eğer onun enerjisi seninle denkse zaten senindir.

Şöhretli Bir Kadınsanız...

Şanlı şöhretli bir kadınsanız ya da başarılı bir iş kadınıysanız, yine de kadınlığınızı bilin. Eve geldiğinizde, onu bir kabuk gibi çıkarın üstünüzden. Aksi takdirde durduk yere karşınızdakinin kompleks yapmasına neden olursunuz. O sizi her halinizle seviyor. Karşı tarafa kompleks yaptıracak davranışlarda bulunmayın. Her zaman kendiniz için giyinin. Her zaman kendiniz için ödüller verin.

İçimizdeki kadın çok önemli. İstediğin kadar iş kadını ol, sert işlerde çalış, fabrika sahibi ol ama evine geldiğinde sadece kadın ol. Çok iyi bir durumda olabilirsiniz, hizmetçilerle, uşaklarla yaşayabilirsiniz ama mutfaktaki tabağınızı elleyin, kocanızın servisini mutlaka siz yapın, eviniz sizi unutmasın, evinizin enerjisine enerjinizi katın.

Başkalarının tesiri altında kalmayın...

Başkalarının tesiri altında kalmamalıyız. "Komşularımızın, arkadaşlarımızın başlarına geleni yaşar mıyız?" kıyaslaması yapmamak lazım. O onların deneyimiydi deyip saygı ve sevgiyle onlar için iyi dileklerde bulunmalıyız. O konuyu orada bitirmeli ve evimize taşımayıp, eşimize partnerimize anlatmamalıyız; o enerjiye girmemek çok önemli. Her ilişki farklıdır. Kimseyi ilişkimiz hakkında konuşturtmayalım. Bize anlatılan karı koca, partner ilişkilerindeki olumsuz olayları derhal zihnimizde serbest bırakalım ki bilinçaltımız kodlanmasın.

Her Şey Sende Gizli

Yerin seni çektiği kadar ağırsın,
Kanatların çırpındığı kadar hafif..
Kalbinin attığı kadar canlısın,
Gözlerinin uzağı gördüğü kadar genç...
Sevdiklerin kadar iyisin,
Nefret ettiklerin kadar kötü....
Ne renk olursa olsun kaşın gözün,
Karşındakinin gördüğüdür rengin..
Yaşadıklarını kâr sayma:
Yaşadığın kadar yakınsın sonuna;
ne kadar yaşarsan yaşa,
Sevdiğin kadardır ömrün...
Gülebildiğin kadar mutlusun.
Üzülme bil ki ağladığın kadar güleceksin
Sakın bitti sanma her şeyi,
Sevdiğin kadar sevileceksin.
Güneşin doğuşundadır doğanın sana verdiği değer

Ve karşındakine değer verdiğin kadar inansın.
Bir gün yalan söyleyeceksen eğer;
Bırak karşındaki sana güvendiği kadar inansın.
Ay ışığındadır sevgiliye duyulan hasret,
Ve sevgiline hasret kaldığın kadar ona yakınsın.
Unutma yağmurun yağdığı kadar ıslaksın,
Güneşin seni ısıttığı kadar sıcak.
Kendini yalnız hissettiğin kadar yalnızsın
Ve güçlü hissettiğin kadar güçlü.
Kendini güzel hissettiğin kadar güzelsin...
İşte budur hayat! İşte budur yaşamak,
Bunu hatırladığın kadar yaşarsın
Bunu unuttuğunda aldığın her nefes kadar üşürsün
Ve karşındakini unuttuğun kadar çabuk unutulursun
Çiçek sulandığı kadar güzeldir,
Kuşlar ötebildiği kadar sevimli,
Bebek ağladığı kadar bebektir.
Ve her şeyi öğrendiğin kadar bilirsin, bunu da öğren,
Sevdiğin kadar sevilirsin...

Can Yücel

> Hayalgücü olan ama bilgisi olmayan kişinin, kanatları vardır ama ayakları yoktur.
>
> Schopenhauer

AŞK KUANTUMU 5. MADDE:
HAYALGÜCÜNÜN SIRRINI KEŞFEDİN VE SINIRLARI ZORLAYIN...

Geçen gün gittiğim Japon restoranında garsona ,"Senin en büyük hayalin ne?" diye sordum.

"Estağfurullah Nuray Hanım, hayal kim biz kimiz?" dedi.

"Nasıl yani, sizin niye hayaliniz olmasın ki?"

"Biz geçim derdine düşmüşüz, hayaller zenginler içindir," dedi.

"Olur mu, sen hiç fakirken zengin olan görmedin mi?" diye sordum.

"Evet, ama o hayalle değildir, birileri onun elinden tutmuştur," dedi.

Kahroldum. Bu sohbette on yanlış vardı. Ona hayal kurmanın güzelliğini, hayallerimizin bizim aslında vizyonumuz olduğunu, dünyayı hayal kuranların değiştirdiğini vs. anlatmaya çalıştım.

"Sevgilin var mı?" diye sordum.

"Sevgiliye ayıracak ne param ne zamanım var. Hasta kardeşime bakıyorum. Hem zaten kim bakar bana?" dedi ümitsizce.

Yine bir cümlede on yanlış vardı.

"Bravo, bak kardeşine, ama sana niye bakmasınlar. Hem yakışıklısın, param yok diyorsun ama bak ne güzel işin var, niye hayallerin yok senin, beğendiğin bir kız da mı yok?" diye sordum.

"Umudum yok da ondan" dedi. Bunu söyleyen daha 18 yaşında.

Sonra ona dakikalarca yine anlattım. Tamam inanma, ama senden bir hayal kurmanı istiyorum ve bir daha geldiğimde sana bu hayali soracağım dedim, anlaştık.

O restorana belki 20 kere gittim ama o garson çocuğa hayalini söyletemedim. Her gittiğimde, "Estağfurullah Nuray Hanım, biz kim hayal kurmak kim?" dedi ve ben yılmadan tükenmeden onu hayal kurmaya teşvik ettim.

Sonra o çocuk o restorandan ayrılmış.

Geçtiğimiz günlerde ofisime bir çiçek geldi. Gönderen tanıyamadım. Ama altında şöyle bir mesaj yazılıydı.

"Sevgili Nuray Hanım, evlendim ve karım hamile. Bir iş kurdum, küçük bir iş ama geçimimi rahatlıkla sağlıyorum ve gün geçtikçe de bu işi büyüteceğime inanıyorum. Kardeşimle eşimle birlikte ilgileniyoruz ve çok mutluyum. Size hayal kurmamı teşvik ettiğiniz için teşekkür ediyorum. Zira hayallerim umudumu yeşertti. Hayal kurduğumu, yetiştiriliş tarzımdan dolayı size söyleyemedim. Ama inanın siz bana söyledikten sonra her akşam yattığımda bir sürü hayal kurdum. Ve her hayalimde de mutluluğa biraz daha yaklaştım. Size her şey için teşekkür ederim. Karım da ellerinizden öper. Taner"

Bu mesajı okurken gözlerim doldu, Taner için çok mutlu oldum. Hem hayatındaki aşkı bulmuş hem parayı, hem de kardeşinin sorumluğunu paylaşacağı kişiyi; ama en önemlisi hayalgücünün sırrını...

Hadi siz de hayalgücünüzün sırrını keşfedin.

> Gelecek hayallere inananlarındır...
> Eleanor Roosevelt

Hayalgücü ve Başarı

"Hayal etmek yaratmanın başlangıcıdır. Ne istediğinizi hayal edersiniz, hayal ettiğiniz şeyi istersiniz, hayal ettiğinize dönüşürsünüz ve sonunda istediğinizi yaratırsınız."

Düşlerinize dikkat edin, gerçekleşebilir...

Siz varolan şeyleri görür ve şöyle dersiniz: Neden? Ama ben olmayan şeyleri hayal ederim ve derim ki: Neden olmasın?

Düşgücünden yoksun insanları kurtarmak için, her çağda bir başka İsa azap içinde kendini kurban mı etmelidir?

Başarısızlık başarının anahtarıdır.

Eğer yürüdüğünüz yolda zorluk ve engel yoksa bilin ki o yol sizi bir yere ulaştırmaz.

Birinci adamlar güneşi, ikinci adamlar gölgeyi sever.

Yapan yapar, yapmayan eleştirmen olur.

İnsanlar başlarına gelenler için hep içinde bulundukları durumu suçlarlar. Ben durumlara inanmam. Bu dünyada başarılı olan insanlar istedikleri durumları arayan ve bulamadıkları zaman onları yaratanlardır.

İstediğinizi elde edemezseniz, elde ettiğinizi istemek zorunda kalırsınız.

George Bernard Shaw (1856-1950)

Kuantumda bir sıçrama yapabilmek tıpkı Shaw'ın söylediği gibi hayalgücü ile mümkündür. Önce hayallerinizdeki kadını, erkeği, ilişkiyi düşleyin.

Ve sonra da onu isteyin. Açın yüreğinizi ve inançla, sevgiyle, coşkuyla isteyin. Ne olacak biliyor musunuz, bir süre sonra karşınıza bir kişi çıkacak ve siz onda bu özellikleri bulacaksınız. Çünkü hayalgücünden bir hedef yarattınız.

Gözü kapalı bir şekilde hedef tahtasına ok atmanın hiçbir anlamı yoktur.

Okları sağa sola savurur, durursunuz. Hayatta hangi yöne bakarsanız o yöne gidersiniz. Tıpkı tenis oynarken topu baktığınız yöne atmanız ya da kayak yaparken gitmek istediğiniz yöne bakmanız gibi.

Hayallerimizin yarattığı hedeflerde de böyle. Önce yüreğinizi açın, sonra gözlerinizi ve kenetlenin hedefe. Göreceksiniz, Eros o oku tam da 'gerçek aşkınızın' kalbine saplayacak.

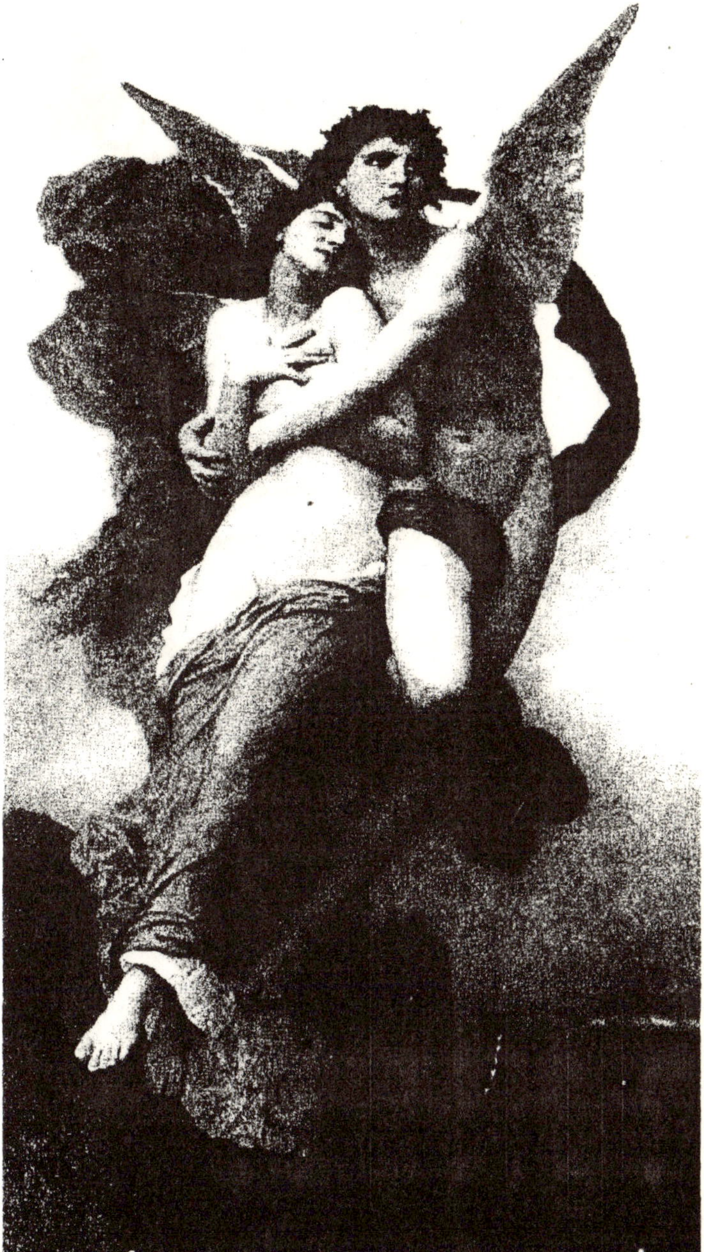

İlk aşk hikâyesini dinlediğimde,
Ne kadar kör olduğumu bilmeden
Seni aramaya başladım.
Sevgililer sonunda bir yerlerde bir araya gelmezler;
Onlar ilk baştan beri birbirlerinin içindedirler...

Rumi

AŞK KUANTUMU 6. MADDE:
İSTEMEK VE İNANMAK...

Şimdi size ilahi bir aşktan bahsedeceğim. Şems ile Mevlana'nın aşkından. Ben bu birlikteliği ruhların buluşması olarak görüp ilahi aşkın kavuşması olarak adlandırıyorum.

1164 senesinde Tebriz'de dünyaya gelen Şems daha çocukken bile farklılıklar gösteriyor, çevresini hayretler içinde bırakıyordu. Daha ergenlik çağına bile girmemiştir ama hayalindeki 'aşk deryasına' daldı mı otuz hatta kırk gün yemek yemez, günlerce açlığa ve susuzluğa katlanırdı.

Bir gün Şems daha fazla olgunlaşmak için kendi gücünü aşması gerektiğini anladı ve seyahate çıktı. Diyar diyar gezip sohbet edecek bir dost, bir mürşit aradı. Fakat aradığını bulamıyor, yine de ümidini yitirmiyordu. Bir şeyh arayışı içinde olmasına rağmen bulduğu tüm şeyhleri kendine mürit yapıyordu. Ve bir gün, bir rüya gördü. Rüyasında bir velinin Rum ülkesinde kendisine arkadaş edileceği söylendi. Bu rüyaları birbirini takip eden günlerde de gördü. Fakat daha zamanı gelmediği için ve "işlerin vakitlerine tabi ve rehinli olduğunu" bildiği için hemen yollara düşmedi.

Şems sabırsızlanıyordu artık ama üzerindeki o yoğun duyguyu dağıtmak için başka işlerde çalıştı, oyalandı. Hatta para bile almadan inşaat işlerinde çalıştı.

Ve bir gün ona bir ilham geldi. Ve 'gerçek aşkı'nı bulmak için başını bile feda etmeye hazırdı artık. Ve yollara düştü.

Uzun bir yolculuğun ardından 1244'te Konya'ya geldi. Aşk ve ilmin tüccarı olduğunu işaret etmek için boynuna kaldığı han odasının anahtarını asıp çarşıda dolaşmaya başladı. Ve ikindiye doğru, ana caddede, katıra binmiş, talebeleri etrafında dört dönen bir müderris gördü. Şems aradığı gönül dostunun o olduğunu hemen anladı. Gerisi malumunuzdur...

Şems, Mevlana'nın ilimle dolu dünyasında "aşk" ile yepyeni ufuklar açtı. Bu iki ilahi âşık, bir köşeye çekildiler ve kendilerini yüce Hakk'a verdiler. Günlerce gecelerce sohbet ettiler. Birbirlerinde kendilerini ve Yüce Rabbin eşsiz güzelliklerinin tecellilerini gördüler.

Fakat bu aşkı anlamaktan aciz olanlar haklarında günümüzde bile ileri geri konuşurlar. Olsun, kim ne derse desin onlar gerçek aşklarını, ilahi olanı buldular mı? Evet, sonu ne kadar acıklı olursa olsun, aşksız geçen bir ömür beyhude yaşanmamış mıdır?

AŞK BAŞLI BAŞINA BİR DÜNYADIR...

Gerçek aşkı istiyorsanız, tıpkı Şems gibi dünyanın bir ucunda da olsa aşkınızın var olduğuna inanmanız gerek. Önce inanın ve coşkuyla isteyin, evren onu size getirecektir. Umutsuzluklar aşkın önündeki en büyük dirençtir.

Eğer gerçekten ruhunuzun diğer yarısını istiyorsanız onu arzulayın. Tüm tutkularınızla.

Lübnanlı Filozof Halil Gibran şöyle der:

"İnsanın hayali ile elde edişi arasında yalnızca tutkusunun aşabileceği bir mesafe bulunur"

Eğer o insanı bulamayacağınıza ya da bulduğunuz insanla beraber olamayacağınıza inanıyorsanız, değil o kişi ile birlikte bir hayat kurmak, karşılıklı kaldırımlarda bile yürüyemezsiniz. Devamlı acı çeker durursunuz. Birlikte olduğunuz insanla bir gün ayrılacağınızdan korkuyorsanız onunla bir gün değil her gün ayrılırsınız.

Tekrar söylüyorum, önce düşünce sisteminizi gözden geçirin.

-Komplekslериniz mi var, tutkulu bir ilişkiyi hak etmediğinizi mi düşünüyorsunuz?

-Kendinizi sevmiyor musunuz?

-Korkularınızdan dolayı aşka inancınız, ona ayıracak enerjiniz, isteğiniz yok mu?

Sizi engelleyen bu konuları bir an önce çözmelisiniz. En azından bu sorunlarınız için kabule geçmeniz bile bir adımdır.

Bilir misiniz tüm spor müsabakalarında eşit güçler arasında en çok isteyen, kazanacağına en fazla inanan maçı alır.

Konu aşksa, yaşınız hiç de önemli değil. İster 18 ister 98 yaşında olun aradığınız aşkla ilgili uyum sağlayacak bir enerji düzeyine geldiğinizde aynı enerji düzeyinde bir aşk size gelecektir. Bu bakımdan enerji düzeyini yükseltmek önceliklidir.

Bir numaralı hedefiniz gerçek aşkınızın bir yerlerde sizi beklediğine ve tıpkı sizin gibi onun da sizi bulmak için hevesli olduğuna inanmanız olmalı.

Peki, ben gerçek aşkınız demekle neyi kastediyorum? Bir anlamda dillere pelesenk olmuş ruh eşi diyebiliriz. Derin ve yoğun bir bağınız olan ve yanında kendinizi bulabileceğiniz kişiden söz ediyorum. Yani sizi tamamlayan kişi sizin ruh eşinizdir.

Tekrar Rumi'ye dönecek olursak, Mevlana; "Yapmanız gereken aşkı değil, içinizde aşka karşı inşa ettiğiniz tüm engelleri arayıp bulmaktır," demiştir.

O engelleri kaldırdıktan sonra aşkı kendinize rahatlıkla çekersiniz, unutmayın. Çünkü korkularımız, iç çatışmalarımız isteklerimizle çeliştiği zaman aşkla ilgili tüm olasılıkların etrafımızda olduğunu fark etmemizi engeller.

Evrensel çekim yasasına göre bizler kendi varoluşumuzla uyuşan insanları, olayları ve koşulları kendimize çekeriz. Yani kendi inançlarımızla tutarlılık gösteren deneyimleri kendimize çekeriz. Paraşütle atlamaktan korkan bir insan asla uçaktan paraşütle atlayamaz.

Eğer biz kendimizi aşka değer görüyorsak ve hayalgücümüzle sınırlarımızı zorluyorsak, kendimize çektiğimiz insan da tutkulu bir âşık olacaktır. Bulacağımız insan da aşkın sınırlarını zorlayan muhteşem bir insan olacaktır.

Tanrı dünyayı sevgi olarak yarattı da biz farkında değiliz. Düşünün hayattaki en güzel duygu değil midir? Sevgisizlik çeken insanlar, bencil, kötü düşünceli, başkalarını kıran, inciten, aldatan insanlar değil midir?

Hadi şimdi tüm komplekslerinizden, yaşadığınız kötü deneyimlerinden, negatif duygulardan arının ve evrensel ip uçlarını, *sembollerini* görmeye çalışın. Gerçek aşkınızın sizi beklediğine tüm kalbiniz ile inandığınız zaman hayatınıza aşk enerjisini koşulsuz çekmeyi başarırsınız.

Eğer bu kitabı aldıysanız ve bu sayfaya kadar da geldiyseniz, aşka hazır olduğunuza inanıyorum. Tüm sır, aşka karşı içinizdeki direnci kırmak, hayalgücünüzü arttırmak, kendinizi daha fazla sevmeye başlamanız ve hissetmenizdir.

```
SEVGİYLE, COŞKUYLA VE İNANÇLA...
```

Çevremdeki bir çok kadın "yalnızım çünkü etrafta erkek yok" diyorlar ya da tam tersi erkekler de çevrelerinde kadın olmadığından şikayetçi. İnançları sarsılmış durumda. "Tüm iyiler kapıldı..." Hadi canım, o zaman siz iyi değil misiniz?

Bana bunu söyleyenler doğru dürüst kadınlar ve erkekler. Üstelik aşkı çoktan hak edenler. Ama yine söylüyorum, bulamıyorsunuz ya da bulduğunuz aşkta mutlu olamıyorsunuz, çünkü içinizdeki direnç var.

Hadi resim yapalım...

Nasıl bir aşk ve âşık istiyorsunuz?

O kişinin fiziksel özellikleri nasıl?

Size ne hissettiriyor?

Kapayın gözlerinizi ve düşünün. Kendinize hayali bir kahraman yaratın. Bilinçaltınıza ekin hayal tohumlarınızı. Ancak lütfen net olun. Mazeretlerinizi bir kenara bırakın ve gerçek aşka giden yolda tembellik yapmayın.

Yüzleşin kendinizle...

Kilonuz, yaşınız, kırışıklıklarınız, geliriniz aşkta hiç önemli değildir. Hani "aşkın gözü kördür" derler ya... İşte aynen öyle, siz enerjinizi yükseltin. Zaten aşk ateşi gözleri ve teni daha parlatır, sesiniz cıvıldar, ruhunuz gülümser ve sizde tüm bunlar olurken karşınızdaki insansın size kayıtsız kalması pek mümkün değildir.

Yaşadığınız kötü deneyimleri de ısıtıp ısıtıp sofranıza getirmeyin. O ilişkinin size ne verdiğini düşünün ya da ne aldığını bilin. Böylece eksilen yanlarınızı tamamlayabilirsiniz. İnanın insan iradesi her şeyin üstündedir.

Yazın isteklerinizi, tıpkı Hıdırellez günü dileklerimizi resmettiğimiz gibi şekillendirin sevginizi. Bileğinize kırmızı, yeşil veya pembe bir bileklik geçirin ki size evrenin aşkla sizin yanınızda olduğu ve her an kapınızın çalınacağını hatırlatsın. Hatırladıkça da düşünmeye ve odaklanmaya başlarsınız.

Siz evrenin büyüklüğüne inanın, bu evrende herkese yeterli aşk da sevgi de var. Evrenin bolluk ve bereketi sizinle olsun. Yeter ki inanın, isteyin.

İSTEYİN, İSTEYİN, İSTEYİN... İNANIN, İNANIN, İNANIN...

İstediğiniz aşkın ve mutluluğun evrenin hayrına olmak üzere hayatınıza girmesine izin verin. Kaçmayın sevgiden. Aşkın risklerinden, kahkahasından ve ıstırabından.

Eğer siz kalbinizi nefret, kin, intikam ve öfke ile doldurursanız, evrenin bolluğunun ve bereketinin size doğru akışını yavaşlatırsınız. Bu nedenle affetmek, yürekten affetmek çok önemli. Affedin geçmişi; onun tecrübelerini, korkularını güce dönüştürün. Ama dileğinizi lütfen herkesin hayrı ve mutluluğuna isteyin. Zira başkasının mutsuzluğu sizin enerjinizi düşürecektir.

Evet sevdiğiniz adam ya da kadın bir başkasıyla birlikte olabilir. O zaman bırakın onu evrenin adaletine. Onunla birlikte olmak isteyebilirsiniz ama sakın bunun için adım atmayın. Onun tercihi sizseniz kendisi gelecektir, değilseniz zaten gelmesin. Çünkü o zaman sizin gerçek aşkınız değildir. Hele onu birlikte olduğu kadından, erkekten ayırmak için akıl oyunları başvurmaya asla kalkışmayın. Bu kötü enerji sizi etkileyecektir. Bu aynen beddua etmek gibidir. Ağzınızdan çıkan her kötü cümle evrenin manyetik alanına çarpıp size geri dönecektir.

Kıskançlık enerjisi de ateşin mumu erittiği gibi sizi eritir. Rahat bırakın aşkınızı; sizinse gelir, gelmezse zaten gerçek aşkınız değildir.

Gerçek aşkınızla buluştuğunuzda ikiniz de birbirinizden asla vazgeçemezsiniz, onun için debelenmenize gerek yok.

Siz yeter ki kendinizi sevin ve inanın.

Bir müşterim vardı. Bir çoklarının hayal bile edemeyeceği bir evlilik yaşıyordu. Fakat bir gün âşık oldu. Âşık olduğu adam da başka bir kadınla birlikteydi. İkisi arasında kelimelere dökülmeyen, müthiş bir duygu yoğunluğu vardı. Kadın rüyasında hep o erkeği görüyor ve her rüyası kavuşmayla sonlanıyordu. Aynı şekilde adam da kadına derinden tutkuyla bağlıydı. İkisi de birlikte olabilmek için hiçbir adım atmıyorlardı. Çünkü ikisi de huzurlu hayatlarını riske atmak istemiyor ve yanındakileri incitmek istemiyorlardı. Ama bu bağ, gün geçtikçe ikisini de yakmaya başladı. Bazen sessizliğin gürültüsü daha çoktur. Tıpkı çağlayanlar gibi gürüldemeye başlamıştı kalpleri. Ve bir gün geldi. Adam birlikte olduğu kadınla yapamamaya başladı. Aklı fikri diğer kadındaydı. Nazik bir şekilde, sevgilisini aldatmadan, ondan ayrıldı. Kadın kahrolmadı, zira aklı başka yerde olan adamla ilişkisi kadını tatmin etmiyordu ve o da başkasını bulmuştu. Berberliğinden mutluluk duyacağı bir başka adamı. Ama benim müşterim evliydi ve düzenini bozmak istemiyordu. Çocukları vardı. İçine kapandı. Aradan yıllar geçti, hiç görüşmediler. Ama ikisinin de aklı hâlâ birbirlerindeydi. Gel gör ki kısa bir süre sonra kadın başka bir nedenden dolayı kocasından ayrıldı. Tüm ayrılıklar bir travmadır, ama araya ihanet enerjisini koymadıkları için bu süreç kolay yaşandı. Vicdani duygular olmadı. Kadın umutlarını hiç yitirmedi. Hayatında hiç çalışmamıştı, ama boşandıktan sonra paraya ihtiyacı vardı ve bir işe girdi. Evren bu işte... İşe girdiğinin ilk haftası rastlantı(!) dediğimiz şey gerçekleşti. Adamla kadın bir toplantıda bir araya geldiler. Toplantı sonrası adam, kadını bir türlü çıkamadıkları akşam yemeğine davet etti. Yılların duygu yoğunluğu ikisini bir araya getirdi, ama sadece elleri birleşti. İkisi de tenlerinin yakıcı ateşine daha hazır değildi. Aradan bir ay geçti, ara sıra görüştüler ve birlikte Las Vegas'a gitmeye karar verdiler. Hayatlarıyla kumar oynamamışları. Kader onları başka bir amaçla oraya yönlendirdi. Ve orada evlenendiler... Şimdi altı senelik evliler, bir kızları var ve çok da mutlular.

Eğer bir şeyi gerçekten çok isterseniz ve o sizin gerçeğiniz, tamamlayıcınız ise evrendeki hiçbir şey buna engel olamaz. Siz bile... Çünkü arzunun sinyalleri öyle güçlüdür ki evreni harekete geçirir ve zamanı geldiğinde bilinçaltınız onu kendinize çeker. Enerjiler buluşur.

Bir filozof "Kendi varlığını bile amacına feda edebilen insan iradesi karşısında hiçbir şey direnemez." demiştir...

Siz yeter ki evrenin hayrına olan şeyleri isteyin ve yapın, yanlış yollara sapmayın, tutarlı ve adanmış her istek hayatı değiştirir. Sizin yoğun olarak onu düşündüğünüz her saniye emin olun beyninizin sinyalleri ona ulaşır ve o da sizi düşünmeye başlar.

O zaman şimdi;

gerçekte ne istiyorsunuz?
aşk sizin için ne anlam taşıyor?
aşk size ne hissettiriyor?

Bu hususlar önemlidir. Bunları cevaplarını net bir şekilde verdiğinizde evren size ödülünü ambalajıyla verecektir. Yalnız şartları var: inanmak, dirençleri kırmak, hayalgücünü çalıştırmak ve hissetmek.

Tanrı ve melekler sizin kalplerinizin en gizli sırlarını bilir ve evren yasaları onları gerçekleştirir.

Peki, sadece istemek yeterli midir? Ya inanç?

Hani yukarıda yazdığım gibi, "sevgiyle, coşkuyla ve inançla" istediğiniz her şey sizin olur.

Eğer siz düzenli olarak kırk bir gün içinde hiçbir korkunuz ve direnciniz olmadan onun size geleceğine ya da birlikte olacağınıza inanırsanız ve o sizin tamamlayıcı aşkınız ise duanız gerçekleşir.

İnanmak çok önemlidir zira hayatınızda inanacağınız şeyleri gerçekleştirebilirsiniz. Mesela kayak yaparken zor bir pistten başarı ile aşağıya inanabileceğinize inanıyorsanız, çok rahat bir şekilde kayarsınız. Ama içindeki en ufak bir korku, sizin o pistten kaymanızı engelleyecektir.

İNANIRSANIZ BAŞARIRSINIZ...

Hayatta inancın açamayacağı hiçbir kapı yoktur. İnandığınız zaman o kapıya uygun bir anahtar muhakkak bulursunuz.

Yıllar önce Türkiye'nin en başarılı şirketlerinin birinin CEO'suyla konuşuyorduk, bana dedi ki; "Nuray, karşıma bahanelerle gelen Harvard mezunu elemanlardansa, bir çözümle gelen lise mezunu bir çalışanı tercih ederim."

Evet, aynen böyle... Hayatta hiçbir problemin tek bir çözümü yoktur. Ve Tanrı'nın bize bahşettiği hayalgücümüz öyle güçlüdür ki onu harekete geçirdiğinizde açılmayacak kapı, girilmeyecek delik, gerçekleşmeyecek hayal yoktur.

Kendinize güvenmiyorsanız, hayallerinize ulaşabilmek için, hep söylediğim gibi, inanç sisteminizi değiştirmeniz gerekiyor. Sonuç olarak hayatımızda köklü ve kalıcı değişiklikler yapabilmenin yolu inançtan geçiyor. Değiştireceğimize inandığımız her şeyi değiştiririz.

Ruhunuzu özgür kılın. Ve hemen hedefleriniz yönünde harekete geçin. İnanç sistematiğinizi siz kontrol edin. Standartlarınızı hayalgücünüzün yarattığı vizyon ölçüsünde istediğiniz kadar yükseltebilirsiniz. Eğer düşüncelerinizi ve inançlarınızı kontrol edebiliyorsanız, kendi hayatınızın dizginlerini de ele aldınız demektir.

NE DÜŞÜNÜYORSANIZ, HAYATINIZA ONU ÇEKERSİNİZ.

Sabır Ve Tevekkül

Beklemenin en güzel yanı beklenenin geleceğine inanmaktır. Ve Bakara suresinde de olduğu gibi insan olmanın en değerli yanı sabredebilmektir. Allah hepimize sabrı verdi. Peki, nasıl sabır ve tevekkül içinde olacağız?

Evrenin bize vereceği güzelliklere, aşka sahip olmak için her gün bize hediye edilen ip uçlarını görerek. Algıda seçicilik de diyebilirsiniz buna, ama insan bir kere bir hayalin peşi sıra gittiğinde hayatın sembollerini görmeye başlar ve o sembollerin peşine takılarak nihai hedefe ulaşır. Unutmayalım; odaklandığımız şeye bir gün muhakkak ulaşırız, yeter ki vazgeçmeyelim.

GÖRÜLMEYENİ GÖRMEK HAYALLERİMİZİN GERÇEKLEŞMESİ İÇİN ÖNEMLİDİR.

Kurduğunuz aşk hayalinde ne kadar ısrarcı olursanız, o kadar çabuk sürede aşkınıza kavuşursunuz. Her şey sizde bitiyor yani. Olmuyor mu, bir yerde hata yapıyorsunuz demektir, bakış açınızı değiştirin; belki de o oldu, aşkınız yanı başınızda ama siz görmüyorsunuz.

Yine Bakara suresinde yeryüzünde ne varsa Allah'ın hepsini bizim için yarattığı yazar.

SİZ YETER Kİ DİRENÇLERİNİZİ KIRIN VE HAYALİNİZDEKİ AŞKA KAVUŞMA YOLUNA GÖNLÜNÜZÜ KOYUN, O SİZİNDİR.

Yaşama karşı sorumluluğumuz
daha yücesini yaratmaktır.
Daha alçağını değil.

Nietzsche

AŞK KUANTUMU 7. MADDE:
AŞK ENERJİMİZİ YÜKSELTİRSEK YÜKSEK ENERJİLERİ DE KENDİMİZE ÇEKERİZ.

Hadi uçmaya hazır mısınız?

Ne o uçmaktan korkuyor musunuz?

O zaman hayatınız boyunca sürüngen kalarak, sürüngen aşkları yaşamayı mı tercih ediyorsunuz?

Kendinize yarattığınız hayal âlemi bu mu?

Siz bu kitabı o zaman hiç anlamadınız?

Hayalgücünüz yoksa vizyonunuz da yok demektir.

Tıpkı Nietzsche'nin de dediği gibi "uçurumdan atlamaya hazırsanız, kanat takmanız gerek"...

Ya da " Ben iki insanın daha yüce hakikati bulmak için, bir ihtirası paylaştığı bir aşk düşünüyorum."

Ben siz kanatlanın diyorum.

Bakmayın uçurumdan aşağıya, vizyonunuzu geniş tutun, yüce aşkı isteyin kendinize...

Bunun için de yükseltin enerjinizi....

Hadi, ne duruyorsunuz?

Geçtiğimiz aylarda içine kapanık bir kız geldi ofisime.

"Evli misin," diye sordum.

"Hayır," dedi.

"Niyetin var mı?"

"Bu işler niyetle olmuyor."

"Ya neyle oluyor?"

"Bana düşündürmesi lazım."

"Sen niye ona düşündürmüyorsun?"

Sadece güldü.

"Bak," dedim, "hayatta her şey niyetle başlar. Eğer sen ilahi aşkının niyetini evrene gönderirsen, aşk seni bulur".

"Beni bulmaz."

"Neden?"

"Beni ne yapsın?"

"Niye, kendine güvenin yok mu senin?"

"Nereden çıkardınız, tabii ki var."

"O zaman beni ne yapsın, diye niye soruyorsun?"

"Canım hayal kurmakla bu iş olacaksa adam Angelina Jolie'yle hayal kurar, benimle niye kursun?"

"Bak," dedim, "bu hayatta herkesin bir eşi, ilahi tamamlayıcısı vardır, bu iş sadece güzellikle ve şöhretle olsa, dünyanın tüm erkekleri onunla olurdu. Ama öyle bir durum mümkün değil. Bir de şunu düşün; ne çirkin kadınlar var yanında aslan gibi delikanlılar veya tam tersi. Sen de karşımda Angelina Jolie diyorsun."

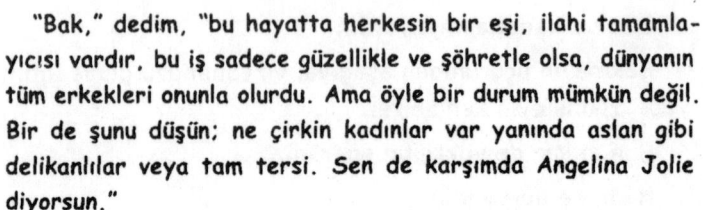

"İyi de, o zaman benim peşimde niye insanlar yok?"

"İzin veriyor musun?"

"Yok ki izin vereyim?"

"İnancın yok ki olsun.".

"Gerçekten izin verirsem, olur mu?"

"Evet, aç kendini evrenin aşkına?"

"Söz, yapacağım," dedi.

Aradan haftalar geçti. Onu evrensel aşka hazırladım. Kendini sevmesini, kendine inanmasını sağladım ve onu çok güzel bir kız olduğuna inandırdım.

Enerji çalışmaları yaptık birlikte. Tütsüler yaktık, aşkın gelişini bir ritüel şeklinde hislendirdik. O gelmiş gibi yaptık. Her yeni güne sevgiyle başladı. Hatta değişik yemekler yapmayı bile öğrendi."

Sonra ne oldu?

Evren bu, böylesine sevgi dolu bir mektubu anında cevapladı. Bir aydır çok da yakışıklı bir adamla birlikte ve çok mutlular. O bile inanamıyor yaşadıklarına. Laf aramızda her an evlenme teklifi alabilir.

Aşk'ın çekim yasasında bizler kendi enerjimize uygun insanları kendimize çekeriz. Ümitsizsek ümitsizleri, korkaksak korkakları, sevgi doluysak sevgi dolu insanları toparlarız yanı başımıza. Enerjinizi yükseltin ki ilahi aşk sizi bulsun, siz de onu tabii ki...

Yakın ışığınızı, güneş gibi parıldayın, tıpkı kelebeklerin ışığa uçtukları gibi tüm güzellikleri çekin kendinize... Sonra kararı siz verirsiniz.

Enerji yükseltme teknikleri...

Sabah uyandığınızda aynanın karşısına geçin ve gözlerinizin içi parlayana kadar kendinizi ne kadar çok sevdiğinizi tekrarlayın. Hadi yakın gözlerinizdeki müthiş ışığı. Unutmayın; insanlar sizin ışığınızdan etkilenir, kalkık burnunuzdan ya da dolgun dudaklarınızdan değil.

Temiz havada, güzel bir manzara eşliğinde, doğayı hissederek yürüyüş yapın ve tüm bu yürüyüş boyunca evrene güzelliğinden dolayı şükredin.

Deniz kenarında iyodun kokusunu çekin içinize, ellerinizi deniz suyuna sokun, suyun arıtıcı enerjisi ile tüm negatif enerjinizin sizden akıp gittiğini düşünün.

Çıplak ayakla toprağa basın.

Dışarı çıkamıyor musunuz, doldurun küveti, bir avuç kaya tuzu, bir gülün yaprakları, birkaç damla da limon çiçeği esansı koyun suya. Etrafınıza vanilya kokulu mumlar serpiştirin, yanında da bir fincan tarçın çayı için...

Yastığınıza lavanta çiçeğinin kendisini bir kese içinde koyun. Aynı şekilde iç çamaşırlarınız arasına da lavanta çiçeği koymayı ihmal etmeyin.

Detoks yapın. Bir hafta boyunca proteininizi bitkilerden sağlayın, mercimek, nohut gibi yiyeceklerden. Et ürünlerini yemeyin.

Evinizi havalandırın ve her yerini canlı çiçekler ile donatın. Tercihiniz aşkı temsil eden kırmızı güller olsun. Evinizde muhakkak küçük bir gül ağacı besleyin. Hatta değerinizi daha da arttırmak için pembe orkide yetiştirin, evlilik aşamasında bir de beyaz orkideniz olsun.

Cinsel hayatınızda çok eşlilikten uzak durun. Çünkü değişik insanlarla seks yapmak enerjinizi bozacak, auranızın ışığını azaltacaktır.

Çok fazla alkol ve sigaradan uzak durun. İçki içmeyi seviyorsanız her akşam bir kadeh kırmızı şarap antioksidan etkisi yapacaktır ya da bir kadeh viski sizi stresten uzaklaştıracaktır.

Meditasyon, yoga ya da ruhsal dinlenme ile ruhunuz dinginleşirken, spor yaparak hem vücudunuzdaki toksinlerden hem de ruhsal yorgunluğunuzdan kurtulacaksınız.

Kendinize renk, taş ve koku terapisi yapın.

Kapatın gözünüzü ve kendinizi nerede mutlu ve huzurlu hissediyorsanız oraya gidin.

Sevdiğiniz insanlarla görüşün.

Mümkünse hayatınıza birkaç gün mola verin ve tatile çıkın.

Hayal kurun ve hayallerinizi çok ama çok büyük tutun.

Piyano sonatları dinleyin.

İbadet edin.

Sevgi sözcükleri söyleyin... Sonu iyi biten, umudunuzu arttıran, mutluluk dolu kitaplar okuyun.

Korkularınızla yüzleşin.

Resim yapın, şarkı söyleyin, kendinizi iyi hissedeceğiniz aktivitelere katılın.

Enerji yükseltmenin sırrı sizin içinizde gizlidir. Hadi bulun onu. Yeter ki ışıldayın. Parlayın!

Kendinizi olumlayın:

BİLİYORUM GERÇEK AŞK YANIMDA. HER AN KAPIM ÇALINABİLİR. GERÇEK AŞKIMIN HAYATIMA GİRMESİNE İZİN VERİYORUM.

GERÇEK AŞK, İLAHİ BİR LÜTUFTUR. SOHBET VE GÜZEL SÖZLER ONU SİZE ÇEKER. RUHUMUZU GERÇEK AŞK KADAR BESLEYECEK BAŞKA GIDA YOKTUR.

UNUTMAYALIM, NE KADAR MUTLUYSAK, DAHA FAZA MUTLULUĞU KENDİMİZE ÇEKERİZ.

ÖNCE SEN KENDİNE ÂŞIK OL Kİ BAŞKALARI DA SANA ÂŞIK OLSUN.

GÖRECEKSİN Kİ AŞKI SANA ÇEKEN AÇILAN KISMETİN DEĞİL, ARTAN ENERJİNDİR.

Kendi omzuna tırman.
Başka nasıl yükselebilirsin ki!

Nietzsche

AŞK KUANTUMU 8. MADDE:
KENDİ HAZİNE HARİTANIZI HAZIRLAMAK.

Bitki kökleri için hazine ararken kendi hazinesini bulan adamın hikâyesini yukardaki bölümlerde Halil Gibran'dan okudunuz.

Hadi şimdi kendi hazine haritanızı hazırlayın...

İnsan ne hayal ederse, bilmeden onu ister. Eğer biz bu bilinçsiz isteği bilinçli hale getirir, üstelik bir de ona yol haritası çizersek inanın o hayalin bizim olmasından başka bir seçeneği yoktur.

Haydi şimdi sanatçı olma zamanı.

Büyük bir karton alın. Rengi kırmızı, pembe ya da yeşil olsun.

Kartonun tam ortasına hayalinizi yazın.

```
GERÇEK AŞKIMI İSTİYORUM
```

Şimdi 'gerçek aşk'a giden haritamıza aşkımızın özelliklerini yazalım.

```
GERÇEK AŞKIMI İSTİYORUM

Özellikleri
Anlayışlı
Yakışıklı
Sabırlı
Sevecen
Neşeli
Sadık
Âşık
Zengin
.....
.....
```

Şimdi onu resmedin; nasıl bir âşık istiyorsunuz? Ya da istediğiniz adamın ya da kadının resmini koyun.

```
GERÇEK AŞKIMI İSTİYORUM

Özellikleri        Resmi


Anlayışlı          Sarı saçlı
Yakışıklı          Mavi gözlü
Sabırlı            uzun saçlı
Sevecen            ..........
Neşeli
Sadık
Âşık
Zengin
.....
.....
```

Hadi hazine haritası doldurmaya devam.... Nerede tanışıyorsunuz?

GERÇEK AŞKIMI İSTİYORUM

Özellikleri	Resmi	Nerde Tanışıyorsunuz
Anlayışlı	Sarı saçlı	Arkadaş toplantısında
Yakışıklı	Mavi gözlü	İş yerinde
Sabırlı	uzun saçlı	Restoranda
Sevecen	....	Tatilde
Neşeli		
Sadık		
Âşık		
Zengin		
.....		
.....		

Sıra hislendirmede... Bu mükemmel aşk size neler hissettiriyor?

GERÇEK AŞKIMI İSTİYORUM

Özellikleri   Resmi   Nerde Tanışıyorsunuz ?   Ne Hissediyorsunuz?

Anlayışlı	Sarı saçlı	Arkadaş toplantısında	Beni özel hissettiriyor
Yakışıklı	Mavi gözlü	İş yerinde	Şefkatini seviyorum
Sabırlı	uzun saçlı	Restoranda	Muhteşem bir âşık
Sevecen	....	Tatilde	Beni mutlu ediyor
Neşeli			Ayaklarımı yerden kesiyor
Sadık			
Âşık			

Eğer evde yalnız yaşıyorsanız bu hazine haritanızı yatağınızın hemen yanı başına, eğer ailenizle ya da arkadaşlarınızla yaşıyorsanız kimsenin görmediği, ama sizin devamlı hissedeceğiniz bir yere koyun.

Bu haritayı kimsenin görmemesi çok önemlidir; zira başkalarının size yapacağı negatif yorumlar, sizde hayallerinize kavuşma aşamasında direnç yaratacaktır. Bu hazinenizi koyduğunuz yere gül yaprakları, kokulu mumlar, sevdiğiniz objeler vs... yerleştirerek, isteğinizi kuvvetlendirebilirsiniz.

Bu hazineye her akşam ve sabah bakıp ona gülümseyin ve sevgi sözcükleriniz ile tılsımı güçlendirin. Hatta bileğinize bu hazinenizin renginden bir ip takıp, hatırlama sürenizi sıklaştırın.

Hayallerinize sakın sınır koymayın. Unutmayın karateciler tuğlaları kırarken tuğlanın kırılacağı noktaya değil, kırılacak noktanın en dibine bakarlar. Yani hayalgücünüzün sınırlarını sonuna kadar zorlayın. En dip, en derin, en vurucu noktaya...

KENDİ HAYATINIZIN LİDERİ HALİNE GELİN.

BUNDAN SONRASI SİZİN ELİNİZDE.

HAYDİ DAHA NE DURUYORSUNUZ?

ALIN KÂĞIDI, KALEMİ ELİNİZE...

Size Sevgi'nin hikâyesini anlatmak istiyorum.

Sevgi, fakir bir ailenin en küçük kızıydı.

Çok küçük bir yaşta ailesi tarafından imam nikahıyla evli bir erkekle evlendirildi.

Daha ilk günden kaynanasından dayak yedi, evin tüm ağır işleri kızın üzerine yüklendi.

Gerdek gecesinde kocası son derece acımasız bir şekilde Sevgi'nin bakireliğiyle birlikte umutlarını da elinden aldı.

El kapısında günlerce gördüğü manevi işkence neticesinde daha 17 yaşında hamile kaldı.

Dayaktan ve sevgisizlikten gencecik yaşında aptala dönmüştü.

Ne ailesi ne akrabaları kıza sahip çıkıyordu.

Ve doğum gerçekleşti, Sevgi'nin bir kızı oldu.

Bebeğin doğumundan altı ay sonra Sevgi, ailesine eve geri dönmek için yalvardı.

Bir de ailesinden dayak yedi.

Ümitleri tükenmişti.

Ama o yılmadı ve kocasına ayrılmak istediğini söyledi.

Kocası hemen evi terk edebileceğini, ama bir daha bebeğini göremeyeceğini söyledi.

Üstüne de yine dayak yedi.

Sevgi ağlayarak ailesinin yanına sığındı, ama ne abileri ne de anası babası Sevgi'nin yüzüne baktılar.

Talihsiz kız, bir daha bebeğinin yüzünü de göremedi.

Bir eve girdi, bebek bakıcısı olarak.

Çocuğuna gösteremediği tüm sevgiyi çalıştığı evin hanımının çocuklarına gösterdi.

Onlara hem abla hem anne oldu.

Şanslıydı, çünkü hanımı onu hep güzel duygularla dolduruyordu.

Hayata küsmemesi gerektiğini, hayatın bir öğreti olduğunu, gülümsemesi gerektiğini söylüyordu.

Ve beraberce bebeğini aradılar.

Eski kocayı buldular.

Eski koca bebeği Çocuk Esirgeme Kurumu'na verdiğini ve kızından bir daha haber almadığını söyledi.

Sevgi vazgeçmedi, kurumun kapılarını çalmaktan eskitti ama bir sonuç alamadı.

O sırada bir erkekle tanıştı ve âşık oldu.

Adam evliydi ve karısından boşanmak üzere olduğunu söyledi.

Acı dolu bir beş sene de bu adamın hayalini kurarak geçirdi.

Bu arada babası öldü, abiler evden ayrıldılar ve yaşlı annesine Sevgi bakmaya başladı.

Sevgilisi söz verdiği üzere boşandı, ama bu sefer Alevi-Sünni davasından Sevgi aşkına kavuşamadı.

Herkes bu ilişkiye karşı geldi.

Sevgi'yi daha da umutsuz günler bekliyordu.

Bu arada hanımı İstanbul'a taşındı...

Girdiği işlerde tutunamadı ve gün geldi hem annesini hem de sevdiğini yitirdi.

Ama Sevgi her akşam yatağına yatarken sevdiğinin resmini öpüyor, ne olursa olsun onu hâlâ çok sevdiğini söylüyordu.

Bu hayatta ne işi vardı, ne ailesi ne de sevdiği...

O umudunu yine de yitirmedi.

Birkaç işe girdi, tutunamadı.

Babasından aldığı birkaç kuruş maaş ile geçinmeye çalıştı.

Yine de ayakta durdu ve sevmeye devam etti.

Nihayet evren onun bu duasına sessiz kalmadı.

Bir gün kapısı çaldı ve sevdiği adam geldi.

Sevdiği adamın da anası vefat etmiş, işleri bozulmuştu.

O buluşma iki kalbin birlikteliğinin aşk ışığı ile aydınlandı.

Adam Sevgi'yi unutamadığını ve ne olursa olsun Sevgi ile birlikte olmak istediğini söyledi.

O gece birlikte oldular, aşk ateşi ikisinin de bedenlerini olduğu kadar ruhlarını da yaktı.

Işıldadılar.

Ve adam hiç ummadığı bir ihaleyi alarak, para kazanmaya başladı.

Hatta büyük sayılacak miktarda bir para kazandı.

Kazandığı ilk parayla da Sevgi'ye hediye aldı.

Sevgi de o sırada eski hanımının referansı ile tekrar bir işe girdi.

Morali yüksek olduğundan o işte tutundu.

Adamın işleri gün geçtikçe iyiye gitmeye başladı.

Ve bir süre sonra kazandığı para ile Sevgi'nin üzerine ev aldılar.

Ve ardından evlendiler.

Şimdi çok mutlular.

Sevgi hayatının mutluluğunu buldu ama hâlâ kızını arıyor.

Şimdi her akşam kızının bebeklik resmine bakıyor ve şu an nerede olursa olsun, onu çok sevdiğini söylüyor.

Eminim bir süre sonra kızına da kavuşacak.

SİZ HÂLÂ EVRENİN KANUNLARINA GÜVENMİYOR, KENDİ CEHENNEMİNİZİ Mİ YARATIYORSUNUZ?

SEVGİ, HAYATA DAİR TÜM KORKULARINI YAŞADI. BEDELLERİNİ ÖDEDİ. TA Kİ KAYBEDECEK HİÇBİR ŞEYİ KALMAYANA DEK.

SONRASINDA KORKULARIN BİTTİĞİ YERDE ÜMİT DEVREYE GİRDİ VE HAYALLERİ GERÇEKLEŞTİ...

HADİ, SİZ DE BU KADAR BEDEL ÖDEMEDEN KURTULUN KORKULARINIZDAN!

VE KENDİ HAYATINIZIN EFENDİSİ OLUN.

Ya sorumluluğu üzerinize alır ve kendi hazinenizi yaratırsınız ya da bir başkasının sizin adınıza hayatınızın dümenini elinizden almasını sağlarsınız. Karar sizin. Ve unutmayın ki olasılığı görmüyorsanız bu varolmadığı anlamına gelmez. Bakış açınızı değiştirin.

Hayatta bütün başarılarımı
her zaman ve her işte
bir çeyrek saat önce
harekete geçmeme borçluyum.

Oscar Wilde

AŞK KUANTUMU 9. MADDE:
HAREKETE GEÇİN. ESKİYİ YOK EDİN, YENİYİ ÇAĞIRIN...

Eskinin yok edilmesi yeninin hayatınıza girmesini sağlayacaktır.

Düşünce de bir harekettir. Hareketin en derinleşmiş halidir. Ve aslında düşüncelerimizde somuttur. Yaptığımız tüm eylemler düşüncelerimizden kaynaklanır.

Tüm düşüncelerimiz ve attığımız adımlar, evrenin manyetik alanına çarpıp bize geri döneceği için tüm dualarımızda evrenin hayrını dilememiz bu nedenle zaruridir.

Hareket etmek her zaman çok önemlidir. Eğer başarılı olmak, aşkı kendinize çekmek istiyorsanız, ama nasıl yapacağınızı bilmiyorsanız, sadece harekete güvenin yeter.

Hayatınız çok rutin mi? Hiçbir heyecanınız yok mu? Bu rutinlik size enerji mi kaybettiriyor, o zaman hareket edin. Tıpkı bir suya atılan taşın dalga dalga okyanusta sonsuz etki yaratması gibi sizde aşk denizinize bir taş atın. Sonucu hemen göremediniz mi, bir daha bir daha...

O dalga muhakkak size gelecek ve sizi bulacaktır.

Ancak bizler geçmişimize lastikten bir yapı ile bağlıyız.

Hayatımızı ne kadar değiştirmek istesek de geçmişimiz bizi çekiyor. Hiçbir değişim kolay olmadığı gibi bu lastik yapı biz değişmek istedikçe gerilim yaratıyor. Bu yüzden değişim yaratmak istiyorsak, gerilmemek için önce değişimi başka alanlarda yaratmalıyız.

Örneğin; aşk romanı okumaktan zevk alıyoruz, diyelim. Değişim için bir polisiye okumaktan zarar gelmez. Hareketlerimiz ve düşüncelerimiz ile rutini yavaş yavaş kırmak, bize inanılmaz fayda sağlayacaktır.

Kötü giden bir ilişkimiz mi var? Biz ayrılmak istedikçe geçmiş bizi sarıp sarmalıyor mu? Tamam o zaman, değişime başka yerden başlayalım. Davranış örneklerimizi kıralım.

Atalarımız hareket bereket getirir diye boşuna söylememişler. Hadi, aşkımızın bereketini getirelim. Mesela kilo verelim ya da alalım. Sevmediğimiz bir hareketin yerine sevdiğimizi koyalım. Söylenmek yerine, güzel sözler söyleyeceğimiz bir anı yerleştirelim belleğimize...

Algılarımızı değiştirelim. Tüm günümüzü bir galeride resim seyrederek geçirebiliriz ya da bir heykeltıraştan taşı nasıl da sevgiyle oyduğunu gözlemleyebiliriz.

Veya vizyonumuzu geliştirelim. Amaçlarınızı büyüttüğünüz anda vizyonumuz gelişir ve o zaman da bir bakmışız geçmişin bizi geriye çekmeye çalışan lastik yapısından kopmuşuz. Başka bir boyutta düşünmek mümkün.

Şimdi derin bir nefes alın ve verin...

Tekrar bir derin nefes alın ve 10 adımda nefesinizi geri verin.

Eski alışkanlıklarımızdan kurtulmak için bir sakinleşme egzersizidir bu.

Kendinize şu soruyu sorun:

"Hayatınızda kötü giden rutinlerden veya hâlâ sürdürdüğünüz ama kötü giden aşk hayatınızdan kurtulmak istiyor musunuz?"

Cesaretiniz olmasa da kendinize bir iyilik yapın ve gerçeği itiraf edin.

Ardından hep tekrarladığım gibi hayal kurun.

Cesur olun hayalinizde.

Hayal kurmak korkaklara göre değildir.

Evet, eskiyi yok etmek yeninin hayatınıza girmesini sağlar...

Bir müşterim harekete geçmek ile ilgili oynadığı iskambil oyunlarından birini anlatmıştı.

Kağıtlar dağıtılır...

Oyunun başından beri bir el açamayan müşterimin eli güzeldir. Bitmesi için bir ya da iki kâğıda ihtiyacı vardır, ama o kâğıt bir türlü gelmez.

Karar verir oyunu değiştirmeye...

Yerden hiç işine yaramayan bir kâğıt alır.

Oyunun rutinini kırmak için yapar bunu.

Ancak bir sonraki çektiği kâğıt bir önce eline yaramayan kâğıdın yanına gelir.

Ve bir sonraki el, müşterim oyunu kazanır.

Bazen hayat bu kadar kolay işte.

Eğer bir şeyler rutin bir şekilde hep aynı derecede gidiyorsa harekete geçin, yeni bir şey yapın hayatınızda. Çaldığımız her kapı, attığımız her adım yeni bir başlangıcın işaretidir. Hayat döngümüzde bunu anlayamayız. Ancak geriye doğru bilinçli bir bakış atarsanız, yaptıklarınızın sizde yarattığı değişimleri göreceksiniz. Her gün güne yeniden başlarız ve siz her gün hayatınıza yeniden güzellikleri çekmek için hareket etmek zorundasınız!!! Unutmayın.

İki çocuklu bir aile gezmeye giderler. Çocuklardan biri yorulur ve babasının kucağına çıkmak ister. Baba yorgundur, çocuğunu kucağına almaz. O sırada çocuk ağlar. Baba ağaçtan bir dal keser ve cebinde taşıdığı çakısıyla dalı düzgünleştirir. "Peki, al oğlum sana bir at hediye ediyorum," der. Çocuk sevinçle dalı alır ve at misali dalın üzerine biner ve atlaya sıçraya yoluna devam eder.

Baba diğer çocuğuna döner ve der ki: "İşte hayat budur kızım. Bazen zihnen veya bedenen kendini çok yorgun hissedebilirsin. İşte o zaman kendine değnekten bir at bul ve neşe içinde yoluna devam et. Bu at bir arkadaş, bir şarkı, bir şiir, bir çiçek, bir çocuğun tebessümü olabilir.

Şimdi siz de etrafınıza dönün ve arayan herkesin bulduğu gibi, kendi atınızı bulun. Hayatın ne kadar zor olduğunu düşünürseniz, hayat o kadar imkânsızlaşır.

Murray Banks

Şimdi kötü giden, belki de olmayan aşk ilişkilerinizde **yapmanız gereken tek şek, farklı bir harekettir. Hadi hareket zamanı!!!** DOĞRU YOLDA BİLE OLSANIZ, EĞER HAREKET ETMİYORSANIZ, OTURUP BEKLİYORSANIZ, SİZİ EZİP GEÇERLER...

> AŞKI ÇEKMEK İÇİN ŞIK HAREKETLER BUNLAR!

Aşk enerjinizi harekete geçirin!

*Kendinize bir ajanda alın ve bugünden itibaren her gün hayatınızın aşkını kendinize çekmek için ufak adımlar atın. Sevdiğiniz biri yoksa bile bu adımları atın.

Ajandanıza yazın! Bugün sevginiz için ne yaptınız?

Her gün yeni bir sevgi cümlesi öğrenin ya da umut dolu bir aşk hikâyesi okuyun. Film seyredin.

Her yeni gün aynaya bakın ve kendinizi ne kadar çok sevdiğinizi ve sevilmeye ne kadar layık olduğunuzu söyleyin. (Bu sırrı kitap boyunca defalarca tekrar edeceğim, ta ki siz alışkanlık kazanana dek.)

Hayal kurun.

Güzel bir manzaraya aşkla bakın ve derin derin nefes alın.

Affedin.

Kişisel bakımınıza özen gösterin: saçlarınızı modelli kestirin, şık giyinin, kendinize güvenin.

Gülümseyin, kahkaha atın, sizi mutlu edecek kişilerle görüşün.

Hedefiniz net olsun.

Neysek oyuz. Bunu siz istediniz. Peki nerede olmak istiyorsunuz?

Hayatınızda sahip olduğunuz tüm isteklerin, onu gerçekleştirecek güçle birlikte size verildiğini unutmayın.

Yaratıcılığınızın sizin içinizdeki fazla enerjiden kaynaklandığını bilin ve enerjinizi arttıracak girişimlerde bulunun. Yaratıcı aşk enerjinizi arttırın. Enerjiniz arttığında aşk kapınızdadır.

Karşılaştığınız her kişiyle niçin karşılaştığınızı düşünün ve ondan tek bir kelime öğrenin.

Hayatınızdaki zorlukları yazın ve onların altından kalkmanın zaferini düşünün.

Eğer aşkı bulabileceğinize inanıyorsanız, ne kadar güç olursa olsun başaracağınızı da bilin. Allah büyük dağlar yarattı ve onlara daha fazla kar verdi. Dağınızı büyütün. Kendinizi zirvesinde hayal edin.

Komplekslerinizle yüzleşin ve üstesinden gelin. Aksi takdirde bir adım ileri gidemezsiniz.

*Nerede fark yaratacağınızı düşünün.

*Peşinden koşmayın, sadece hareket edin. Şu sözü unutmayın: "Mutluluk kelebek gibidir. Ne kadar çok kovalarsanız, sizden o kadar kaçar. Ama dikkatinizi başka yerlere verdiğinizde gelir yavaşça omzunuza konar." Yani sevdiğinizin sizi araması için saniyeleri saymayın. Enerjinizi arttırın.

*Siz istediğiniz zaman size güzel sözler söylememesi, size âşık olmadığı anlamına gelmez. Bu dünyada gerçekleşen en güzel şeyler beklemediğimiz anlarda olanlardır.

*Gülümsemekten vazgeçmeyin. Bu dünyayı kahkahaların enerjisi döndürüyor. İlla biri çıkar ve gülümsemenize âşık olur.

*Belki şimdiye kadar kalbinizi kıranlar yeni gelecek aşkın değerini bilmeniz için bir öğretiydi. Bunları gurur meselesi haline getirmeyin.

*Yaşanan her ne olursa olsun, tecrübe deyin ve bundan ders çıkarın.

*Bu dünyada mutlaka sizi sevecek biri var. Buna inanın ve adımlarınızı daha da güzel bir ruha sahip olmak için atın!

*Hatalarınızı görün ve başka hatalar yapmaya çalışın!

*Kimseyi seni sevmeye zorlayamazsınız. Ancak kendinizi sevilecek bir insan yapabilirsiniz. Tüm enerjinizi kendinize verin.

*Bugün yalnız olmanız yarın da yalnız olacağınız anlamına gelmez. Gereksiz korkularınızdan kurtul.

*Kendinize güvenin. Başınıza neler geldiği önemli değil, bundan sonra başınıza gelenler karşısında ne yapacağınız önemli.

*Sevdiklerini gösteremeyenler kötü değildir. Sadece sevgilerini nasıl göstereceklerini bilmiyor olabilirler. Bu evrenin altında kötü diye bir şey yoktur aslında. Tasavvuf okuyun, hakikat kapısında iyiliğin de kötülüğün de tek bir Tanrı'dan geldiğini göreceksiniz. Neden mi hayatımıza kötü dediklerimiz giriyor, bizi iyi yapmak için!

*Boş durmayın. Bir şeylere konsantre olup mutluluk dalgaları yaydığınız sürece mutluluk size koşacaktır.

*Kendi güzel ve temiz dünyanızı kurmak için bir adım atın. Bu adımın ne olacağına siz karar verin.

*Beklemeyin!!! Hissedin.

*Değişimleri kabul edin.

*İsteklerinize dikkat edin ve ağzından çıkan her sözün bir enerjisi olduğuna inanın.

*En değerli olan şeylerin en gizli ve derin yerlerde olduğunu bilin. Kolay elde edilene kanmayın. Yolunuz zor olan olsun.

*Acı ne kadar derin ise haz da o kadar derin olacaktır. Bunların kardeş olduğunu unutmayın. Bugün sizin yüreğinizi acıtan yarın en büyük mutluluğunuz olacaktır. İnancınızdan vazgeçmeyin.

*Mutlu olduğunuzu söylemekten çekinmeyin.

*Çevrenize topladıklarınız kara sinekler olabilir. Siz ışığını yakın ki çevrenize rengârenk kelebekler toplansın.

*Sizi demoralize etmeye çalışanlar ya korkaklardır ya da sizin başarılı olmanızı istemeyenlerdir. Uyanık olun!

*Aşkı buldum diye değil, onu elimde nasıl tutarım diye düşünün... Panik olmayın ama harekete geçin.

*Hayalleriizin gerçek olması için uyanık olun ve hayallerinizin gerçekleşebileceği bir yol bulun.

*Özür dilemek güzeldir, ama önce hatanızı kabul etmeli ve telafi etmek için tüm yaratıcılığınız ve yüreğinizle uğraşmalısınız.

*Evrene güvenin. Evren yasalarına göre istediğiniz zamanda değil, olması gerektiği zamanda "O" size gelecektir.

*Her şeyi sen yapmaya çalışma. Sen kendin için iyi olanları yap. Başkalarına da senin için bir şey yapmalarına olanak sağla.

*Senin olan her zaman sana döner. Huzurlu ol.

*Sevdiğini söylemek sevdiğini yitirmek anlamı taşıyorsa, hiç durmayın hemen söyleyin ve kurtulun ondan!!! Boşuna zaman kaybetmeyin.

*Sabır ve tevekkülü öğrenin.

*Köpek seni ısırırsa, siz de onu ısırmazsınız. İzinin ver herkes kendi olsun. Kısasa kısas yapmayın ve Lord Cheserfiel'ın sözü daima aklınızda bulunsun:

"Oğlum, onlar sana karşı kaba hareket etseler bile, sen onlara karşı nazik ol. Şunu unutma ki sen başkalarına onların bir centilmen oluşundan dolayı değil, kendin bir centilmen olduğundan için nazik davranıyorsun."

*Kendinizi tümüyle sevdiğinize adamaya hazırsanız kaderiniz devreye girer. Önemli olan kendinizi adayacağınız kişinin doğru insan olup olmamasıdır.

*Rahat olun!!!

*Hayatınızın inisiyatifini elinize alın.

*Somurtkanlık kimseyi umutlandırmaz, neşeli olmaya çalışın. Çalıştıkça alışkanlık kazanacaksınız.

*Mutluluğu başkalarında değil, kendinizde arayın. Kendisini mutlu edemeyen, başkasını da mutlu edemez.

*Sevdiğinize güzel sözler söyle ki o da size söylesin.

*Fırsatları kaçırmamak için gözünüzü dört açın, karşınıza hangi fırsatın çıktığını görün.

*Günlük tutun ki kendinizle yüzleşebilesiniz. Bugünün en büyük sorunlarının yarın hiç de kayda değer olmadığını göreceksiniz.

*İsteğinizin şimdi gerçekleşmemesi yarın gerçekleşmeyeceği anlamına gelmez. Sevginizi, coşkunuzu ve inancınızı asla kaybetmeyin.

*Saf duygularınızı yitirmemek için adım atın.

*Yalan söylemeyin. Sizi tüm doğrularınızla kabul edecek insan gerçek aşkınızdır.

*Suzan Ertz demiş ki; "Yağmurlu bir Pazar günü öğleden sonra ne yapacaklarını bilmeyen milyonlar, bir de ölümsüzlük isterler..." Siz kendi mutluluğunuz için adım atın. Yağmur hayatı sadece romantikleştirir!!! Kimse sizin çamurlu elbisenize bakmaz, insanlar her zaman gülen gözlere bakarlar.

*Meg Ryan'ın sempatik tavırlarına neden herkes âşıktır? Kimse 90-60-90'ı sempatik bir kadının yerine koyamaz!

*Siz yoksanız, sizin yanınızda nasıl birileri var olabilir?

*Kendinizi sevdirmeye çalışmayın. Sadece kendinizi sevilmeye bırakın. İşte aşk kuantumunun en önemli unsuru budur. Siz kendinizi hangi noktaya layık görürseniz, orada olursunuz.

*Başkaları tarafından bağışlanmaktansa önce kendinizi bağışlamayı bilin. Siz kendinizi affettiğinizde başkalarına ihtiyacınız kalmayacaktır.

*Aşk için uygun zamanı beklemeyin... En uygun zaman şimdidir.

*Siz sadece yapabileceğinizin en iyisini yapın, gerisini evren tamamlar.

*İstediğiniz kadar acı çekin ve üzülün. Dünya yine de dönüyor. Bunu bilmek belki bir duşla birlikte acınızı biraz hafifletir.

*"Başkaları tarafından kurtarılmayı bekleyenler yalnızca kölelerdir," demiş Voltaire. Hayatınızın efendisi yalnızca siz olun.

*Sıradan olan hiçbir şeyi yapmayın, kendiniz için fark yaratın.

Kadın kendini kötü hissediyordu ve günlerdir sevgiliden gelecek ufacık bir aşk mesajı bekliyordu. Kahroldu, mahvoldu. Yüreğinde ve midesinde acı, uykusuz geceler, tatsız sokaklar. Hayattan keyif alamıyordu. Sonra hareket alanını değiştirdi. Başka şeylerle ilgilenmeye başladı. Ve bir baktı ki mutluydu. Artık sevgiliden gelecek mesaja ihtiyacı yoktu. Kendi umudunu kendisi yaratmıştı. Gülümsüyor, eğleniyordu. Ve sevdiğine bir mesaj çekti. Mesaj umut doluydu, aşkına hiçbir şey yüklemiyordu, aksine mutlu ediyordu. Kendine güvenli, sevgi ve samimiyet dolu bir mesaj gönderdi, sevdiğine. Ve sevdiğini kendi kabuğundan çıkardı. Âşık olduğu adam ona ilk defa, "Seni seviyorum," dedi.

Hadi siz de çıkın bunalımınızdan ve hiç kimseyi bunaltmayın. Mutlu olun, mutlu edin. Neşeli olduğunuz sürece, neşe enerjisini alırsınız.

İnanın hayat sadece bir yanılsama ve bu yanılsamada önemli olan sizin kendinizi nasıl hissettiğiniz. Bu yüzden sakın hayatınızın merkezine sizden başkasını oturtmayın. Sadece siz orada olun ve size en yakın halkaya sevdiğinizi, sevdiklerinizi koyun. Bu hayat sizin ve kendi hayatınızdan siz sorumlusunuz. Çocuklarınız bile olsa, kimsenin sizin öz halkasına girmesine izin vermeyin. O halka Tanrı ve sizin ışığınızla dolsun. Tıpkı göz bebeğiniz gibi saklayın kendinizi kendinize...

Evrenin yasalarına göre bir şey almak için bir bedel ödemelisiniz.

O da harekettir...

Hareket ederken, geçmişten kurtulmak için atacağınız en önemli adımlardan biri de yüzleşmek ve affetmektir.

Affetmek ve unutmak iyi insanların intikamıdır.

SCHILLER

Affetmek, zaferin zekatıdır.

HZ. Ömer

AŞK KUANTUMU 10. MADDE:
AFFEDİN! KENDİNİZİ DE ONLARI DA...

Affetmek geleceğiniz için önemlidir, özellikle de özgürleşmeniz için. Affedemediğiniz her şey ruhunuza ağırlık yapar. Ruhunuz ise o ağırlıklarla özgürleşemez. Hem şunu unutmayın, aynen Nietzsche'nin söylediği gibi, "Kim üzebilir sizi siz izin vermedikten sonra?"

Çekim yasasına göre benzer benzeri çeker... Size yapılan her hareket sizin beyninizin ilettiği vibrasyonlar sonucu kendinize çektiklerinizdir. Dolayısıyla yaşadıklarınız ister sizin sınavınız olsun, ister kendinize çektikleriniz geçmişinizle yüzleşmek ve kızdıklarınızı affetmeniz sizi özgür kılar.

Affedemediğiniz kişi kendinizseniz yüzleşin bu duyguyla. Nerede, nerelerde hata yaptığınızı bulun, kabule geçin ve sevgiyle kendinizi de affedin.

Aldatılmış Olsam...

Bağışlardım. Kendimle yüzleşirdim. "Nasıl bir enerji yarattım ki aldatıldım?" diye sorardım kendime. Hayatıma müdahale etmek isteyen birileri devamlı oldu. Bunlarla yüzleştim. Ama Allah'tan bu yüzleşme sürecinde ben enerjiyi biliyordum. Bildiğim için de çok şanslıyım. Hemen kabule geçtim. "Başıma gelenlerin, önceki düşünme biçimim nedeniyle, sorumlusu benim," dedim. Ben enerjiyi öğrenmiştim. Eşimin hayatına girmeye çalışan iş çevresinden kadınlar çok oldu. Ama geçmişteki korkularım bilinçaltımda kaldığı için şunu biliyordum; o gün, o yüzleştiğim olaylar da benim daha önceki düşünme biçimim ve karmamdan gelen durumlardı. Ve, "Yaşadığım her şeyin sorumlusu benim, kabul ediyorum," dedim; o enerjiyi durdurdum.

Aldatılsam, "Nerede ne yaptım da bu durum benim başıma geldi?" diye bakarım. Eğer bir hatam yoksa, bu durum ayna vazifesi yapmıyorsa bana, o zaman "Daha iyisi gelecek, adam gitmek istiyor," derim.

Onu da kendimi de affederdim...

**Çok seviyorsun, çok âşıksın.
Aldatıldın. Ne yapman lazım?**

Bunun başına neden geldiğini oturup yazman lazım. Gerçekten düşünerek, karmanda da bir olayı çekmediysen ve çok âşıksan kendinle de yüzleşerek, bu olayı kabule geçerek tekrar deneyebilirsin. Ama kişi bunu tekrar ediyorsa o zaman önüne bak. Demek ki seni hak etmiyor. İzin ver, gitsin.

İnsan sebepsiz inanır ama sebepsiz kuşkulanmaz.

Aldatan erkeğin kokusu değişir. Zannedilir ki kadının parfümü geçti. Hayır. Beden farklı bir koku salgılar. Korkudur o. Yakalanma korkusu. Kadında da olur bu. Sen fark etmezsin ama partnerin fark eder bunu. Günümüz şartlarında artık aldatan erkeği çözmek çok kolay. Enerjiyi bilmesen de aldatan kişi zaten her çağda kendini ele verir. Şimdi daha net ele veriyorlar. Örneğin; bir erkeğin telefonu ters bir şekilde duruyorsa, sürekli sessizdeyse, giyimi değiştiyse, durduk yere spora başladıysa aldatıyor denebilir.

Enerji alanında ise ten kokusu değişir. İnsanların burnu koku alır. Eğer güzel bir şeyler olacaksa ben müthiş kokular alırım. Ama olumsuz bir şeyler varsa ortada olmayan bir lağım kokusu gelir burnuma. Beden hep bize haber verir. Duyularınızın farkında olun...

Beden bilir. Karmik plandaki o ayrılığı da hatırlar. O zaman da acı çekersin ve sebepsiz gibi gelir sana. Yaşadıklarımız hatırladıklarımızdır. O zaman da kabule geçmek gerekiyor. Her şeyin başı farkındalıktır.

Sen kendinin farkına var ki yaşadıklarının da farkında olasın.

Kuşku duyuyorsun.
Aldatıldığını hissediyorsun. Ne yapacaksın?

Bunu başkalarına anlatma. Önce ne yapman gerektiğine karar ver. Sen bunu niye yaşıyorsun? Ne yönün eksik, bu deneyimden ne kazanıyorsun? Ne yönün fazla, nelerden arınıyorsun? Seni aldatan kocan, sevgilin nasıl bir görev üstlendi hayatında? Acaba gitmesi mi gerekiyor daha iyisinin gelmesi için? Bu deneyimin sana öğretecekleri yaşamında bir sıçrama mı yaratacak?

Doğrudan kendinizle konuşun. Kendinize karşı dürüst olun ki karşındakinin enerjisini algılayın ve kendinize niye çektiğinizi bilin. Karşınızdaki eğer sizinle hayatını sürdürmeye niyetliyse ve yanlış bir enerjiye girdiyse kişinin korkulu düşüncelerinden de olabilir, karmik bir plandan gelen bir durum da olabilir.

Aldatılma 3 nedenle olur:

1- Soylardan gelen karma.

2- Kaybetme korkuları.

3- Görevi bitti. Bu şekilde gitmesi gerek.

Bu üçüncüsü vesiledir. Peki neden? Sen daha önce aldattın mı da böyle bir vesileye neden oldun?

Böyle bir son mu düşündün de hazırladın?

Her ayrılıkta ihanet olması gerekiyor diye bir durum yok. Acaba senin en çok korktuğun böyle bir ayrılık mıydı? Ya da önceki karmandaki bir yük müydü?

Teşekkür edin ve bağışlayın ki başınıza bir daha gelmesin.

Bu üçünden hangisi olduğunu nasıl anlayacaksınız?

Karma mı? Kocanızın ya da karınızın veya sevgilinizin ve sizin köklerinize inin. Yaptıklarınıza, yaşadıklarınıza bakın.

Öğreti mi? Bazen hayatınızın ilişkisini yaşarsınız ama hayatınızın kazığını yersiniz. "Allah verir dener, alır dener," derler. Belki denendiğiniz bir ilişkiyi yaşadınız, şımardınız. Yaşadığınız mutlulukla birilerini ezdiniz.

Çalışma:

Mutlaka sessiz, sakin bir ortamda ağlamak gerekiyorsa ağlayıp, ardından da sakin bir şekilde, hiçbir yerinizi çapraz yapmadan oturun. Bunu aynanın karşısında da yapabilirsiniz, kendinizle daha iyi yüzleşebilmek için. "Şimdi, şu anda başıma gelen bu üzüntüyü, bu acıyı niye yaşadığımı bulmak istiyorum ve bunu bulmaya niyet ediyorum," deyin ve olumlamasını üç kez derin derin nefes alarak yapın. Gözler kapalı da olabilir. "Hatırlamayı istiyorum. Benliğim bunu biliyor ve hatırlıyor. Ben bunu niye yaşadım?" diye sorun.

Cevabı almak için daha önceden hazırladığınız üç tane küçük kâğıda şunları yazın:

1) Karmamdan geliyor.

2) Soy ağacımdan geliyor.

3) Ektiklerimi biçiyorum.

Kâğıtlarını kırmızı bir kesenin içine koyup karıştırın ve çekin. Bunu 3 kere yapın. Üç kere üst üste gelen cevap doğrudur. Zira Allah'ın hakkı üçtür.

Ya da istihare yapılabilir.

Güzelce duş alın. Lavanta kolonyasını el bileklerinize sürün. Koklayın. Hiç kimseyle konuşmadan, "Şimdi, şu anda yaşadıklarımın nedenlerinden yüksek benliğimin beni haberdar etmesine niyet ediyorum," deyin ve yatıp uyuyun. O gece gördüğünüz rüyayı sabah uyandığınızda yazın. Bunu ertesi gün tekrar yapın. Ama bunu mutlaka çarşamba günü yapın. Çarşamba, perşembe ve cuma olmak üzere 3 gece bunu yaptıktan sonra cumartesi günü gördüğünüz tüm rüyaların yorumunu okuyun. Aldığınız mesaja bakın.

Rüyalarınızdaki renkler de size mesaj verir.

Mavi: İletişim problemidir.

Pembe: Sevgiyle alakalı blokajlardır.

Mor ya da beyaz: Allah'a, evrene ya da sevgiye olan inancının eksikliğidir.

Kırmızı: Seksüellik ve yaşama tutunma zorluklarıdır.

Turuncu: Seks.

Sarı: Sindirme ve her şeyi kontrol altına alma çabalarıdır.

İç sesinizi muhakkak dinleyin. İç sesiniz size evete evet, hayıra hayır der. Ama çok fazla üstelememek gerekir, çünkü beyniniz yanlış sinyaller gönderebilir. Bunu bir defa yapmak yeterlidir.

Veyahut bir aynaya bakarak soru sorup, şuurunuzdaki düşünceleri ortaya çıkarabilirsiniz.

Yazın. Daha sonra da yazdıklarınızı yakıp düşünsel birikimlerinizden tamamen arınabilirsiniz.

İlişkinizde gördüğümüz sorunları, problemleri başkalarıyla konuşmak yerine birlikte olduğunuz kişiyle konuşmayı deneyin.

Şikayeti bırakın. Gün içinde gidip arkadaşlarınıza birlikteliğinizi şikayet ediyorsanız, o zaman sevdiğiniz yanınıza geldiğinde ikayet ettiğinizden daha kötü bir şekilde gelir. Evrene hep güzel enerji verin.

İlişkide kararsızlıkta kalmayalım. Hedefleriniz net olsun.

Eğer gizli saklı işler çeviriyorsanız karşınızdakinin de gizli saklı işler çevirmesine neden olursunuz.

Acaba aldatıyorsan, aldatılıyor musun da aldatıyorsun? "Adam ya da kadın beni çok seviyor, çok mutluyuz. Niye başka birine sevgi duyuyorum?" diyenler varsa, o zaman o mükemmel gördükleri insanda görmezden geldikleri yanlışlar olabilir. Kişi öğretilerin etkisiyle de çok şey öğrenebilir. Ya da yine karmayla bağlantılı olabilir.

> Gerçeğinizi duygularınızı öğretisi ile keşfedin...

Peki karı koca arasında ya da sevgililer arasında seks duygusu yoksa...

Neden olmadığını araştırmanız lazım. Karmik mi, sevgi eksikliğinden mi, ruhsal ya da tensel uyumsuzluktan mı?

Aranızda cinsel çekim yoksa ve bu problemi çözemiyorsanız kesin ayrılmanız gerekir.

Bazen de bu problem anne babanın ilişkisinden kaynaklanır. Çocuklar farkına varmazsa ebeveynlerin deneyimleri onların hayatına sirayet eder. Annesi babası ayrılmış olanlar, mutlaka her ikisini de bağışlayıp affetmeli, öfke duymamalı;

bu annemle babamın deneyimiydi demeli. Babadan nefret eden babası gibi bir kocaya sahip olur, anneden nefret eden anne gibi bir kadının sahibi olur.

Ve bu seks hayatını da etkiler. Bu yüzden bunları da düşüncelerimizde çok iyi bir şekilde dengelememiz gerekiyor.

Olmayan seks için yatak odasında kırmızı biber bulundurulmalı. Bir köşeye 1-2 tane kırmızı biber konmalı. Hatta kırmızı bir muma, kırmızı pul biber serpip onu yakmalı. Ateş ve acıyı birleştirirsek bu aşk enerjisini yükseltir.

Çakraların uyumu da çok önemlidir. Örneğin; çok konuşan bir insanın seks çakrası tıkanmış olabilir.

"Evrenin şifasını şimdi buraya davet ediyorum," diyerek uyumlama yapılabilir.

Böyle bir sorunu yaşayan kişi Boğaz çakramı şifalandırıyorum diyerek sağ elini boğazına, sol elini de seks çakrasına koysun, 1-2 dakika şifa enerjisini çeksin ve teşekkür etsin. Muhakkak dengelenir.

Çakralar arasında dengesizlik veya enerji akımlarından birinin kapanması durumunda seks hayatınızda sorunlar yaşarsınız.

Ya da seks ve boğaz çakrasını dengelemek için mavi bir fular ile turuncu bir iç çamaşırı giyilebilir. Çakralar imgeleme ile de açılabilir, şifa veren renkleri hayal ederek.

Kitabın ilerleyen bölümlerinde çakralar, işlevleri ve dengelenmesi konusunda bilgi verdim.

Ben,

iki insanın

daha yüce bir hakikati bulmak için,

ihtirası paylaştığı bir aşk düşünüyorum.

Nietzsche

AŞK KUANTUMU 11. MADDE:
AŞKA HAZIRLIK... DÜŞÜNCELERİNİZE DİKKAT EDİN, HİKÂYETLERİ BIRAKIN.

Siz hayatı sevdiğiniz zaman hayat da sizi sever. Aşka hazırlığın temeli de budur. Kendini sevmek, problemlerinden, kirliliğinden arınmak. Zaten bu bölüme kadar size bunları anlatmaya çalıştım. Hadi şimdi uyanma zamanı, uyanma ve isteklerimizi gerçekleştirme. Geçmişle olan tüm başlarımızı göbek başımızdan sihirli bir makasla kestikten, gerçeklerimizle yüzleştikten, kendimizi, hayatımızı etkileyen herkesi affettikten ve hayallerimizi kurduktan sonra harekete geçmemiz gerektiğini yazdım.

Evrende her şey enerjiden oluşuyorsa bizde gerçek aşkımıza enerji gönderelim. Ona gönderdiğimiz enerji tertemiz, tüm kuşkulardan, kuruntulardan arınmış olsun. Düşüncelerimizi temizleyelim. Evrenin bolluk ve bereketini hayatımıza isteyelim.

Eğer sevdiğimiz yanımızdaysa onun gözlerinin içine öyle bir aşk vibrasyonları yayıp bakalım ki bizden vazgeçemesin. Ona bakın ve içinizden onun ne kadar sevdiğinizi defalarca tekrarlayın. Gözlerinizin ışıltısına kayıtsız kalamayacak, baktığı her gözde aynı ışıltıyı arayacaktır. Ama siz eğer onu çok seviyor ve istiyorsanız kimsenin bakışı sizinkiyle aynı olmayacaktır.

Eğer hayatınızda kimse yoksa geçin aynanın karşısına ve kendi gözlerinizin içine aynı aşkla bakın, aşk vibrasyonlarını evrene gönderin, ta ki gerçek aşkınız o enerjiyi alıp size dönene dek bu uygulamayı her sabah ve akşam tekrarlayın.

Unutmayın hayatta her şeyi siz yorumluyorsunuz. Hadi kendiniz için güzel yorumlar yapın ve çekin aşk enerjisini... Geçin transa ve yolda, metroda, otobüste, arabanızda herkes sizdeki aşk enerjisini görsün. Aşk için kalbinizin kapısını aralayın.

Evren yürekten istediğiniz her şeyi bize fazlasıyla verir. Evrenin cömertliğine şükredin ve inşallah bir gün mutlu olurum yerine, şu an burada çok mutluyum deyin.

Çekin tüm mutlulukları kendinize. Sahip olmadıklarınız yerine sahip olduklarınızın değerini bilerek çoğaltın mutluluğunuzu.

Tutkularımız bize ne yapmamız gerektiğini söyler. Hiçbir zaman bir âşığın ahlakını sorgulamayın. Gidin tutkularınızın peşinden işte, o zaman gerçek aşkı bulacaksınız.

Tutkunun, arzunun enerjisinin büyüklüğünü hissedin yüreğinizde. O enerji size tüm kapıları açacaktır. Güzelliğinize güzellik katılacak, cildiniz parlayacaktır.

Hayatımıza çektiğimiz tüm kişiler ve olaylar tamamen bilinç ve bilinçaltı düşüncelerimizin yarattığı gerçekliktir. Bu bakımdan kendi gerçekliğimizin sorumluluğunu üstlenip, kendi sorumluluğumuzu elimize almalıyız. Evrende her şey kaynağına geri döner. Tüm bu düşüncelerimiz bize geri dönecektir ve geri dönerken yanında gerçek aşkımızı da taşıyacaktır.

Düşüncelerimizden Sorumluyuz...

Ah bende hiç şans yok ki.........Şans size gelmez.

Beni beğenmez......................Tabii ki beğenmez.

Kırkından sonra nereden bulacağım....Bulamazsınız.

Şu zamana kadar yapamadım, bundan sonra ne yapayım? ......Yapamazsınız.

Ben aptalım................Aptalsınız.

Ben çirkinim..............Çirkinsiniz.

Vs...vs......................Öylesiniz.

Oysa:

Çok mutluyum...............Daha çok mutluluğu hak ediyorsunuz.

Seviliyor ve seviyorum.....Hem de nasıl.

Beni istiyor......................Sizin düşündüğünüzden daha fazla.

Güzelim..........................Çok güzelsiniz...

İyiyim........................Daha iyisiniz.

Evrenin bolluğu ve bereketi biz ne istersek bize ambalajı ile verir. İyisini de kötüsünü de... Bu bakımdan düşüncelerimiz çok önemlidir. Tıpkı sözlerimiz gibi... İçimizden söylediklerimiz ya da dışımızdan söylediklerimiz gibi. Bilinç ve bilinçaltınızın tuzağına hiç düşmeyin. Sizi negatif duygularla kandırmasına izin vermeyin. Eğer siz bu dünyaya geldiyseniz, Tanrı'nın bir parçası olarak geldiniz ve Tanrı'ya asla ihanet etmeyiniz. O'nun güzel, iyi ve şefkatli olduğunu aklınızdan çıkarmayınız.

Kime ne yapıyorsak aslında kendimize yapıyoruz. Tekrarlıyorum evrende her şey enerjidir. Ne verirsek onu alırız. Başkaları için şikâyet ettiğimiz hiçbir şey bize kayıtsız kalamaz. Onun için büyük konuşmamak lazım ya! Her şikâyetimiz evrene gönderdiğimiz bir mesajdır. Başımıza gelir. Aynen niyetlerimiz ve isteklerimizde olduğu gibi. Eğer çok seviyor ve istiyorsak ya da iyi niyet enerjimizi evrene gönderiyorsak da ödülüne hazır olmalıyız. Zira bazen ödül de zamansız olabilir ve biz onu algılayamayabiliriz.

Bu yüzden içinizden sessizce geçirdiğiniz, hissettiğiniz, coştuğunuz, aktığınız, hayal ettiğiniz her şeyin de gerçekleşmesine hazır olmalıyız.

Evrensel yasada da şikâyetler de niyetler gibi algılanır. şikâyet etmeyin. Hayatın size haksızlığınızdan yakınıyorsanız, hayatınıza daha fazla haksızlığı çekersiniz! Oysa sevip sevilmeye layık olduğunuzu düşünüyorsanız, aşk hayatınızın tümünü dolduracaktır.

Eğer istemeden aklınızdan bir düşünce, ağzınızdan bir söz çıktıysa, bilinçli bir şekilde iptal edin.

İnancınızın hayatınıza güzellikleri çekmesine izin verin. Güzel şeylere inanın. Aşka inanın.

Eğer devamlı olarak aldatılacağınızı düşünüyorsanız beyninizin yaydığı aldatma vibrasyonları da evrenden size geri dönecektir unutmayın. Aklınıza bile getirmeyin.

O kadar çok insan tanıyorum ki hayatlarını bu endişe ile boşa geçiren ve sonunda da gerçekten aldanan.

Şunu unutmayın; ne ekerseniz onu biçersiniz. Evrene ne gönderirseniz kat ve kat onu alırsınız.

Dünkü düşüncelerimizle bugünü oluşturduysak hadi şu anki düşüncelerimizle de yarını oluşturalım. Hadi öğrenin artık şu sırrı, çok kolay!

Mucize arayıp duruyorsunuz ama her gün yeniden güneşin doğuşu bir mucize değil midir? Görün mucizelerinizi şükredin ve daha güzelinin size gelmesi için devamlı güzel şeyler hayal edin.

Hayatınızın kalitesini arttırmak, gerçek aşkınızı kendinize çekmek için her sabah yataktan kalkarken ve her akşam yatarken onunla ilgili çok güzel düşünceler kurun. Bakın ne kadar kısa sürede gerçekleşecek, göreceksiniz.

Büyük aşkın olduğu yerde
büyük mucizeler vardır.

Willa Cather

AŞK KUANTUMU 12. MADDE: HAYATINIZDAKİ AŞK ENERJİSİNİN AKIŞINI HIZLANDIRIN.

Bunca okuduğunuz satırdan sonra kendinizi nasıl hissediyorsunuz?

Güçlü müsünüz?

Sevilmeye layık olduğunuzu öğrendiniz mi?

Yoksa kapınız hâlâ çalınmadı da sabırsızlanıyor musunuz?

Hayattan keyif alabiliyor musunuz?

Hayatınıza güzellikler daha sık uğruyor mu?

Eğer tüm bunların cevabı olumsuzsa, hadi hayatınızdaki aşk enerjinizin akışını hızlandıralım...

Güzel bir müzik koyun ve bilinçli bir şekilde güzel şeyler düşünün.

Sevdiğinizle bir arada olduğunuzu canlandırın hayalinizde.

Ya da muhteşem bir tanışmayı...

İyi bir ilişkiyi...

Sizin için en güzelini isteyin.

Bir kâğıt ve kalem alın ve yazmaya başlayın. Tekrar tekrar...

Aşktaki en büyük korkunuz?

En kötü tecrübeniz?

Kırılma noktanız?

Sizi en çok öfkelendiren durum?

Kimden intikam almak istersiniz?

Sizce yaşadığınız diğer ilişkilerde kim suçlu?

Depresyonda mısınız, ya da aşk ilişkileri sizi depresif mi yapıyor?

Ve aklınıza diğer gelen her kötü soruyu cevaplayın.

Başka bir kâğıt alın ve bu sorulara olumlu cevaplar yazın. Gerçeğinizle yüzleşin ve bunlardan nasıl olumlu olarak kurtulabileceğinizi yazın.

Sonra yazdıklarınızı 21 kere yüksek sesle tekrar edin. 21 çünkü 21 alışkanlık yapan bir sayıdır.

21 günde güzel duygularınızı yüksek sesle tekrarlayabilirsiniz.

Sonra evi yakmadan negatif düşüncelerle doldurduğunuz kâğıdı yakın.

Yanarken de çok şükür bu duygularımla yüzleştim ve kurtuldum deyin.

Her kötü düşüncenizde bu uygulamayı yapın. Kâğıda yazın ve yakın. Yanık kokusunu duyun. Ardından gidin güzel bir duş yapın. Böylelikle bir süre sonra bu duygulardan arınmış olacaksınız.

Düşüncelerimiz bedenimizde tepki yaratır. Limon düşündüğümüz zaman ağzımın sulanması da bundandır.

Bütün fiziksel rahatsızlıkların da düşüncelerden kaynaklandığını unutmayın.

Tüm bu olumsuzluklardan kurtulduğunuz zaman aşkınızda ve hayatınızın diğer yanlarında enerji akışınız hızlanacaktır. Ve işte o zaman sevgi dolu, neşeli, huzurlu ve mutlu bir insan olacaksınız.

Kim istemez böyle bir insanla birlikte olmayı...

Hadi içinizdeki gücün sırrını bir kere daha keşfedin.

İnsan zihni
yeni bir fikre uzandığında,
bir daha asla eski boyutlarına dönmez.

Oliver Wendell Holmes

AŞK KUANTUMU 13. MADDE:
CANLANDIRMA VE HİSLENDİRME

Hayatınızda sizi en mutlu eden anıyı zihninizde canlandırın. Ve sonra düşünün ne hissetmiştiniz?

İlk aşkınızla ilk öpücüğünüzü, nasıl heyecanlanmıştınız?

Sizi en güzel bulan erkek arkadaşınız kimdi? Ne demişti? Mutlu olmuş muydunuz?

En büyük başarınız neydi? Kendinizle gurur duymuş muydunuz?

Hadi başlayın düşünmeye! Ne hissetmiştiniz, ne kadar mutlu olmuştunuz?

Şimdi tüm negatif düşüncelerden gayri sevdiğimizle, hayatımıza yeni girmesi muhtemel kişiyle ya da beklediğimiz gerçek aşk ile ilgili bir hayal kuralım. Muhteşem bir hayal olsun.

Ne hissediyorsunuz. Onunla ilk öpüşmenizi hayal edin ya da el ele tutuşmanızı. Ne kadar muhteşem, değil mi? Hissedin, hissedin, hissedin!

Ya da gittiğiniz romantik bir filmde en güzel sahneleri sevdiğinizle siz yaşıyormuşçasına hissedin.

Gerçekten Holmes'un da dediği gibi, "İnsan zihni yeni bir fikre uzandığında, bir daha asla eski boyutlarına dönmez," dönemez...

Hatta istediğiniz kadar enerji akışınızı kilitleyin, direnç oluşturun, isteğiniz biraz geç oluşur o kadar. Yeni bir fikri yüreğinde hisseden yola çıkmıştır bile. Ve unutmayın binlerce kilometre tek bir adımla başlar.

Şimdi tekrar hazine haritanızı alın ve üzerine gerçekleşmiş ilişkilerden örnek güzel resimler koyun. Ve hissedin.

GERÇEK AŞKIMI İSTİYORUM

Özellikleri   Resmi   Nerde Tanışıyorsunuz ? Ne Hissediyorsunuz?

Anlayışlı   Sarı saçlı   Arkadaş toplantısında   Beni özel hissettiriyor

Yakışıklı   Mavi gözlü   İş yerinde   Şefkatini seviyorum

Sabırlı   uzun saçlı   Restoranda   Muhteşem bir âşık

Sevecen   ....   Tatilde   Beni mutlu ediyor

Neşeli   Ayaklarımı yerden kesiyor

Sadık

Âşık

Yaşadıklarım, yaşayacaklarım...

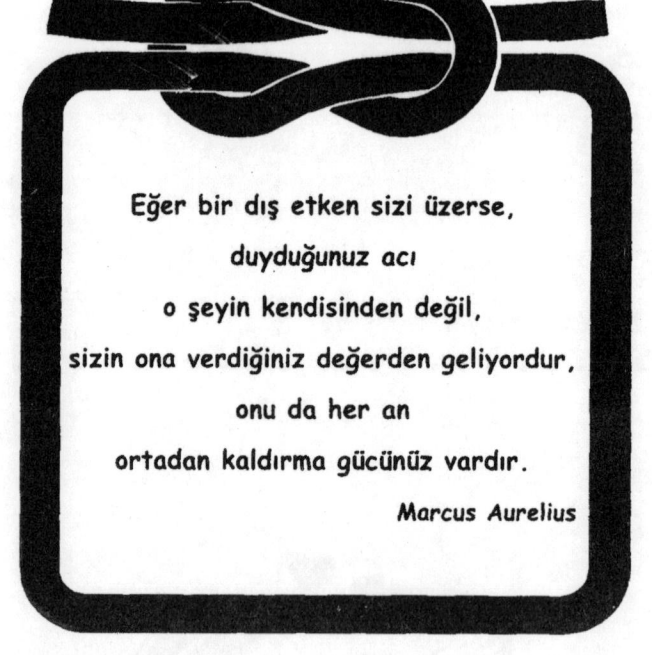

Eğer bir dış etken sizi üzerse,
duyduğunuz acı
o şeyin kendisinden değil,
sizin ona verdiğiniz değerden geliyordur,
onu da her an
ortadan kaldırma gücünüz vardır.

Marcus Aurelius

AŞK KUANTUMU 14. MADDE:
YÜZLEŞİN, KABULLENİN, OLUMLAYIN.

Aşk enerji akışını hızlandırmak için hayatınızı tümüyle gözden geçirmenizde ve tüm korkularınızdan, endişelerinizden, pişmanlıklarınızdan kurtulmanız gerekmektedir. İşte tam da bu nedenden dolayı, önce kendiniz ve sahip olduğunuz tüm duygular ve yaşanmışlıklarla yüzleşmeniz, kabule geçmeniz ve olumlama yapmanız önemlidir.

Sizi üzen olayları, durumları aslında sizin yarattığınızı bilmek belki sizi rahatlatabilir.

Bir müşterim eşi ile ilgili çok sorunlu bir ayrılık yaşadı. Boşanmalarının son günleri oldukça olaylı geçti. Çok üzüldü, ağladı. Aslında eşi onu hak etmiyor, aldatıyor ve oldukça hırpalıyordu.

Aradan zaman geçti ve müşterim gerçek aşkını buldu. Onunla uzun enerji çalışmaları yaptık ve kendisiyle yüzleşti. Aslında eşi hep o adamdı ve o görmek istemiyordu. Ancak çoğunun kendini kandırdığı gibi o da kandırıyordu kendini.

Ve işte o ayrılık günü geldiğinde çektiği acı aslında onun eşine verdiği değerden kaynaklanıyordu. Şimdi geriye dönüp baktığında "Ben beni bu kadar üzmesine nasıl da izin vermişim?" diyor.

Hayatımızdaki her şey bizim ona yüklediğimiz anlamla, baktığımız gözle, düşlediğimiz hayal ile alakalı. Olumlu olmak, gerçekle yüzleşmemek anlamını taşımaz. Tam tersi Polyannacılık oynamak sanılanın aksine bizi köreltir. Ne demek Polyanacılık? Evet, bu kötü ama ben iyi düşünüyorum. Hayır, böyle bir şey yok. Gerçekle yüzleşip, nedenini arayıp, güzel duygularla eskiye veda etmektir önemli olan. Polyannacılığın özüdür negatif duygular. "Aslında kötü ama ben ona iyi bakıyorum," demektir Polyannacılık. Amerika'nın savaş sırasında halkını uyutmak için buldu?u metottur bu kavram.

Ben size olumlu olmayı öğütlüyorum, kendinizi kandırmayı değil!

"İçindeki Gücün Sırrını Keşfet" kitabımı okuyanlar için tekrar olabilir ancak orada yazdığım olumlamaları bu bölümde vermem önemli. Zira bilinçaltımızın ve bilincimizin temizlenmesi için bu uygulamayı yapmamız gerekli.

OLUMLAMALAR

Güven Duygusu

Evren güvenli.
Ben, güvendeyim.
Ben, güvende olduğumu biliyor ve inanıyorum.
Ben, güvende olduğumu kabul ediyorum.
Ben, güvende olduğum için kendimi takdir ediyorum.
Ben, güvende olduğum için şükrediyorum.

Ben, herkese güveniyorum.
Ben, herkese güvendiğimi biliyor ve inanıyorum.
Ben, herkese güvendiğimi kabul ediyorum.
Ben, herkese güvendiğim için kendimi takdir ediyorum.
Ben, herkese güvendiğim için şükrediyorum.

Ben, güvenilirim.
Ben, güvenilir olduğumu biliyor ve inanıyorum.
Ben, güvenilir olduğumu kabul ediyorum.
Ben, güvenilir olduğum için kendimi takdir ediyorum.
Ben, güvenilir olduğum için şükrediyorum.

Ben, kendime güveniyorum.
Ben, kendime güvendiğimi biliyor ve inanıyorum.
Ben, kendime güvendiğimi kabul ediyorum.
Ben, kendime güvendiğim için kendimi takdir ediyorum.
Ben, kendime güvendiğim için şükrediyorum.

Ben, her yerde güvendeyim.
Ben, her yerde güvende olduğumu biliyor ve inanıyorum.
Ben, her yerde güvende olduğumu kabul ediyorum.
Ben, her yerde güvende olduğum için kendimi takdir ediyorum.
Ben, her yerde güvende olduğum için şükrediyorum.

Kendini İfade Etme

Ben, kendimi sevgi ile ifade ediyorum.
Ben, kendimi sevgi ile ifade ettiğimi biliyor ve inanıyorum.
Ben, kendimi sevgi ile ifade ettiğimi kabul ediyorum.
Ben, kendimi sevgi ile ifade ettiğim için kendimi takdir ediyorum.
Ben, kendimi sevgi ile ifade ettiğim için şükrediyorum.
Ben, duygularımı sevgi ile ifade ediyorum.
Ben, duygularımı sevgi ile ifade ettiğimi biliyor ve inanıyorum.
Ben, duygularımı sevgi ile ifade ettiğimi kabul ediyorum.
Ben, duygularımı sevgi ile ifade ettiğim için kendimi takdir ediyorum.
Ben, duygularımı sevgi ile ifade ettiğim için şükrediyorum.

Özgür Olmak İçin

Ben, özgürüm.
Ben, özgür olduğumu biliyor ve inanıyorum.
Ben, özgür olduğumu kabul ediyorum.
Ben, özgür olduğum için kendimi takdir ediyorum.
Ben, özgür olduğum için şükrediyorum.

Sağlıklı Olmak İçin

Ben, sağlıklıyım.
Ben, sağlıklı olduğumu biliyor ve inanıyorum.
Ben, sağlıklı olduğumu kabul ediyorum.
Ben, sağlıklı olduğum için kendimi takdir ediyorum.
Ben, sağlıklı olduğum için şükrediyorum.

Güç

Ben, yalnız ve tek başıma ..... sız/siz güçlüyüm.
Ben, yalnız ve tek başıma ..... sız/siz güçlü olduğumu biliyor ve kabul ediyorum.

Ben, yalnız ve tek başıma ..... sız/siz güçlü olduğumu kabul ediyorum.
Ben, yalnız ve tek başıma ..... sız/siz güçlü olduğum için kendimi takdir ediyorum.
Ben, yalnız ve tek başıma ..... sız/siz güçlü olduğum için şükrediyorum.

Ben, her halimle güçlüyüm.
Ben, her halimle güçlü olduğumu biliyor ve inanıyorum.
Ben, her halimle güçlü olduğumu kabul ediyorum.
Ben, her halimle güçlü olduğum için kendimi takdir ediyorum.
Ben, her halimle güçlü olduğum için şükrediyorum.

Ben, kendi iç gücüme sahip çıkıyorum.
Ben, kendi iç gücüme sahip çıktığımı biliyor ve inanıyorum.
Ben, kendi iç gücüme sahip çıktığımı kabul ediyorum.
Ben, kendi iç gücüme sahip çıktığım için kendimi takdir ediyorum.
Ben, kendi iç gücüme sahip çıktığım için şükrediyorum.

Ben, gücümü içimdeki sevgiden alıyorum.
Ben, gücümü içimdeki sevgiden aldığımı biliyor ve inanıyorum.
Ben, gücümü içimdeki sevgiden aldığımı kabul ediyorum.
Ben, gücümü içimdeki sevgiden aldığım için kendimi takdir ediyorum.
Ben, gücümü içimdeki sevgiden aldığım için şükrediyorum.

Değerli Olmak

Ben, yalnız ve tek başıma ..... sız/siz değerliyim.
Ben, yalnız ve tek başıma ..... sız/siz değerli olduğumu biliyor ve inanıyorum.
Ben, yalnız ve tek başıma ..... sız/siz değerli olduğumu kabul ediyorum.

Ben, yalnız ve tek başıma ..... sız/siz değerli olduğum için kendimi takdir ediyorum.
Ben, yalnız ve tek başıma ..... sız/siz değerli olduğum için şükrediyorum.

Ben, her halimle değerliyim.
Ben, her halimle değerli olduğumu biliyor ve inanıyorum.
Ben, her halimle değerli olduğumu kabul ediyorum.
Ben, her halimle değerli olduğum için kendimi takdir ediyorum.
Ben, her halimle değerli olduğum için şükrediyorum.

Ben, kendi değerime sahip çıkıyorum.
Ben, kendi değerime sahip çıktığımı biliyor ve inanıyorum.
Ben, kendi değerime sahip çıktığımı kabul ediyorum.
Ben, kendi değerime sahip çıktığım için kendimi takdir ediyorum.
Ben, kendi değerime sahip çıktığım için şükrediyorum.

Ben, kendime değer veriyorum.
Ben, kendime olduğum gibi değer veriyorum
Ben, herkese değer veriyorum.
Ben, herkese olduğu gibi değer veriyorum.
Ben, herkesin olduğu gibi olmasına izin veriyorum.

Çaresizlik

Ben, her şeyin çaresini buluyorum.
Ben, her şeyin çaresini bulduğumu biliyor ve inanıyorum.
Ben, her şeyin çaresini bulduğumu kabul ediyorum.
Ben, her şeyin çaresini bulduğum için kendimi takdir ediyorum.
Ben, her şeyin çaresini bulduğum için şükrediyorum.

Her şeyin çaresi benim içimde.
Her şeyin çaresinin içimde olduğunu biliyor ve inanıyorum.
Her şeyin çaresinin içimde olduğunu kabul ediyorum.
Her şeyin çaresi benim içimde olduğu için kendimi takdir ediyorum.
Her şeyin çaresi benim içimde olduğu için şükrediyorum.

Yetersizlik Duygusu

Ben, her halimle yeterliyim.
Ben, her halimle yeterli olduğumu biliyor ve inanıyorum.
Ben, her halimle yeterli olduğumu kabul ediyorum.
Ben, her halimle yeterli olduğum için kendimi takdir ediyorum.
Ben, her halimle yeterli olduğum için şükrediyorum.

Ben, yalnız ve tek başıma ..... sız/siz yeterliyim.
Ben, yalnız ve tek başıma ..... sız/siz yeterli olduğumu biliyor ve inanıyorum.
Ben, yalnız ve tek başıma ..... sız/siz yeterli olduğumu kabul ediyorum.
Ben, yalnız ve tek başıma ..... sız/siz yeterli olduğum için kendimi takdir ediyorum.
Ben, yalnız ve tek başıma ..... sız/siz yeterli olduğum için şükrediyorum.

Yok Olma Korkusu

Ben, her halimle varım.
Ben, her halimle var olduğumu biliyor ve inanıyorum.
Ben, her halimle var olduğumu kabul ediyorum.
Ben, her halimle var olduğum için kendimi takdir ediyorum.
Ben, her halimle var olduğum için şükrediyorum.

Ben, yalnız ve tek başıma ..... sız/siz varım.
Ben, yalnız ve tek başıma ..... sız/siz varolduğumu biliyor ve inanıyorum.
Ben, yalnız ve tek başıma ..... sız/siz varolduğumu kabul ediyorum.
Ben, yalnız ve tek başıma ..... sız/siz varolduğum için kendimi takdir ediyorum.
Ben, yalnız ve tek başıma ..... sız/siz varolduğum için şükrediyorum.

Aşağılanma

Ben, herkesle birim.
Ben, herkesle bir olduğumu biliyor ve inanıyorum.
Ben, herkesle bir olduğumu kabul ediyorum.
Ben, herkesle bir olduğum için kendimi takdir ediyorum.
Ben, herkesle bir olduğum için şükrediyorum.

Başarı

Ben, yalnız ve tek başıma ..... sız/siz başarılıyım.
Ben, yalnız ve tek başıma ..... sız/siz başarılı olduğumu biliyor ve inanıyorum.
Ben, yalnız ve tek başıma ..... sız/siz başarılı olduğumu kabul ediyorum.
Ben, yalnız ve tek başıma ..... sız/siz başarılı olduğum için kendimi takdir ediyorum.
Ben, yalnız ve tek başıma ..... sız/siz başarılı olduğum için şükrediyorum.

Bolluk ve Bereket

Evren bolluk içinde.
Evrenin bolluğu bana akıyor.
Para bana çoğalarak geliyor.
İhtiyacım olan her şeyi ihtiyacım olduğu anda evren bana verir.
Ben çok parayı hak ediyorum.
Ben çok paraya layığım.

Evrenin bana vermek istediği tüm bolluk ve bereketi ayırım yapmaksızın olduğu gibi kabul ediyor ve istiyorum.
Bu bilinç ve sorumlulukla onu paylaşmak için elimden geleni yapacağım.
Çok parayı hak ediyorum. Çok paraya layığım.

Zenginlik

Ben, çok zengin olmayı hak ediyorum.
Ben, çok zengin olmaya layığım.
Para bana sevgiyle geliyor.
Ben, parayı sevgiyle alıyorum.
Çok zengin ve bolluk içinde yaşamak benim en doğal hakkım.

Yalnızlık Duygusu

Ben, kendi içimde tam ve bütünüm.
Ben, kendi içimde tam ve bütün olduğumu biliyor ve inanıyorum.
Ben, kendi içimde tam ve bütün olduğumu kabul ediyorum.
Ben, kendi içimde tam ve bütün olduğum için kendimi takdir ediyorum.
Ben, kendi içimde tam ve bütün olduğum için şükrediyorum.

Ben, yalnız ve tek başıma kendi içimde tam ve bütünüm.
Ben, yalnız ve tek başıma kendi içimde tam ve bütün olduğumu biliyor ve inanıyorum.
Ben, yalnız ve tek başıma kendi içimde tam ve bütün olduğumu kabul ediyorum.
Ben, yalnız ve tek başıma kendi içimde tam ve bütün olduğum için kendimi takdir ediyorum.
Ben, yalnız ve tek başıma kendi içimde tam ve bütün olduğum için şükrediyorum.

Ben, kendi yolumu kendim açıyorum.
Ben, kendi yolumu kendim açtığımı biliyor ve inanıyorum.
Ben, kendi yolumu kendim açtığımı kabul ediyorum.
Ben, kendi yolumu kendim açtığım için kendimi takdir ediyorum.
Ben, kendi yolumu kendim açtığım için şükrediyorum.

Ben, kendi yolumda sevgi ile ilerliyorum.
Ben, kendi yolumda sevgi ile ilerlediğimi biliyor ve inanıyorum.

Ben, kendi yolumda sevgi ile ilerlediğimi kabul ediyorum.
Ben, kendi yolumda sevgi ile ilerlediğim için kendimi takdir ediyorum.
Ben, kendi yolumda sevgi ile ilerlediğim için şükrediyorum.

Sevgi

Ben, kendimi seviyorum.
Ben, kendimi olduğum gibi seviyorum.
Ben, kendimin olduğum gibi olmasına izin veriyorum.
Ben, herkesi seviyorum.
Ben, herkesi olduğu gibi seviyorum.
Ben, herkesin olduğu gibi olmasına izin veriyorum.

Ben, sevgiyim.
Ben, sevgi olduğumu biliyor ve inanıyorum.
Ben, sevgi olduğumu kabul ediyorum.
Ben, sevgi olduğum için kendimi takdir ediyorum.
Ben, sevgi olduğum için şükrediyorum.

Ben, her şeyi sevgiyle yaratıyorum.
Ben, her şeyi sevgiyle yarattığımı biliyor ve inanıyorum.
Ben, her şeyi sevgiyle yarattığımı kabul ediyorum.
Ben, her şeyi sevgiyle yarattığım için kendimi takdir ediyorum.
Ben, her şeyi sevgiyle yarattığım için şükrediyorum.

Herkes beni seviyor.
Ben, sevildiğimi biliyor ve inanıyorum.
Ben, sevildiğimi kabul ediyorum.
Ben, sevildiğim için kendimi takdir ediyorum.
Ben, sevildiğim için şükrediyorum.

Herkes beni seviyor.
Herkesin beni sevdiğini biliyor ve inanıyorum.
Herkesin beni sevdiğini kabul ediyorum.
Herkes beni sevdiği için kendimi takdir ediyorum.
Herkes beni sevdiği için şükrediyorum.

Sevgi benim içimde.
Sevginin benim içimde olduğunu biliyor ve inanıyorum.
Sevginin benim içimde olduğunu kabul ediyorum.
Sevgi benim içimde olduğu için kendimi takdir ediyorum.
Sevgi benim içimde olduğu için şükrediyorum.

Para

Paranın her yerden gelmesine izin veriyorum.
Para, bana serbestçe akar.
Ben, parayı mutlulukla harcarım.
Para, bana katlanarak gelir.
Para, bana sevgiyle gelir.
Ben, parayı sevgiyle harcarım.
Ben, parayı sevgiyle paylaşırım.
Para, araçtır.

Para, sevgidir.
Para, harcadıkça çoğalır.
Benim hesaplarım para ile dolar.
Ben, bol paraya layığım.
Ben, her şeyin en iyisine layığım.
İhtiyacım olan para ihtiyacım olduğu anda gelir.
Para, bana çoğalarak geliyor.
Ben, çok paraya layığım.
Ben, çok parayı hak ediyorum.
Ben, parayı sevgiyle veriyorum.
Para, bana kolaylıkla gelir ve sevgiyle kalır.

Suçluluk Duygusu

Ben, kendimi tam olduğum halimle onaylıyorum.
Ben, yaptığım ve yaşadığım her şeyi onaylıyorum.
Ben, tüm yaşadıklarımı yaşanması gerektiği için yaşadım.
Ben, tüm kararlarımı ve seçimlerimi onaylıyorum.
Ben, herkesin olduğu gibi olmasına izin veriyorum.

Değişim

Benim değişim korkum var.
Ben, kendi yolumu kendim yaratıyorum.
Ben, kendi yolumu kendim açıyorum.
Ben, kendi yolumda sevgiyle ilerliyorum.
Ben, her an ve her yerde güvendeyim.

Kendini Affetme

Gözleriniz kapalı kendi görüntünüzü gözünüzün önüne getirin. Ona bakarak yüksek sesle aşağıdaki cümleleri tekrarlayın.

Yaşadığım ve yaptığım her şeyi seviyorum.
Tüm yaşadıklarımı yaşanması gerektiği için yaşadım.
Yaşadığım ve yaptığım her şey için kendimi onaylıyorum.
Beni bir başkasının onaylaması gerekmiyor.
Ben kendimi seviyor, beğeniyor ve onaylıyorum.
Yaşadığım her şey benim kendi seçimim.
Verdiğim her karar benim kendi seçimim.
Ben, tüm kararlarımı ve yaşadığım her şeyi onaylıyorum.
Ben, kendimi onaylıyorum.
Ben, kendimi affediyorum.
Ben, kendimi tümüyle seviyor ve takdir ediyorum.
Hayatı seviyorum.
Yaşamayı seviyorum.

Kalbinizden çıkaracağınız pembe sevgi ışığını kendi kalbinize geri yollayın. Işıklar çoğaldıkça yüzünüzdeki değişimleri takip edebilirsiniz.

Başkasını Affetme

Gözlerinizi kapatıp affetmeye karar verdiğiniz ve affetmeye niyet ettiğiniz kişinin görüntüsünü gözünüzün önüne getirin. Ona bakarak yüksek sesle aşağıdaki cümleleri tekrarlayın.

Ben, seni affetmeye niyet ettim.
Ben, seni şu anda affetmeyi kabul ediyorum.
Seninle yaşadığım her şeyin benim en yüce hayrıma olduğunu kabul ediyorum.
Bu dünyada oyun arkadaşım olduğunu kabul ediyorum.
Senin varlığına şükrediyorum.
Bu yolda sevgiyle seni serbest bırakıyorum.
Seni affediyorum.
Kendimi affediyorum.

Kalbinizden çıkartacağınız pembe ışığı o kişinin kalbine yollayın ve o kişinin yüzünde oluşacak değişimleri gözlemleyin. Bu meditasyon değişim dönüşüm meditasyonudur. Affetmeye niyet ettiğimiz kişiyi tamamen affedene kadar her gün devam edilmelidir.

Bir Olay Anında

Yaşadığım bu olayı tam olduğu haliyle kabul ediyorum.
Yaşadığım her şeyin benim en yüce hayrıma olduğuna inanıyorum.
Şu an kabuldeyim.

Derin bir nefes alıp, yukarıdaki cümleleri tekrarlayarak kabule geçip, o anki olayın içinden sevgiyle geçebilirsiniz. Hemen arkasından da hangi korkunuzdan dolayı bunu yaşadığınızı bulup, o korkuya ait enerjinizi sevgiye dönüştürebilirsiniz.

Sigarayı Bırakmak İçin

Sigarayı bırakmaya içten niyet et.
Neden sigara içiyorsun?
Korkunu bul.
Sigaraya başladığın güne git.
Sigara içince nasılsın?
Dünyada bir daha sigara satılmasa ne olur?

OLUMLA...

Ben, sigarasız başarılıyım.
Ben, her halimle başarılıyım.
Ben, sigarasız var oluyorum.

> Kaderimiz karar anlarında biçimlenir.
>
> Anthony Robbins

AŞK KUANTUMU 15. MADDE:
"ASIL NEYİ İSTEDİĞİNİZE KARAR VERİN"

Gerçek aşkınızı ya da şu anda birlikte olduğunuz, birlikte olmak istediğiniz kişiyi istediğinizi düşünebilirsiniz. Ama gerçekten ne istediğinizi biliyor musunuz? Bu nedenle size kendi hazine haritanızı yaratırdım ama hâlâ onun arkasında mısınız?

Ofisime gelen müşterilerime soruyorum. "Nasıl birini istiyorsunuz?" diye... İlginçtir herkes sevgilide istemedikleri özellikleri sıralıyor: kaba olmasın, aldatmasın, vs. Ya da birlikteliği varsa, sevgilisinin negatif özelliklerini sıralıyor. Burada bir yanlışlık ve mutsuzluk var. Oysa biz hayatta neye odaklanırsak onu elde ederiz. Eğer birlikte olduğumuz ya da hayal kurduğumuz insanın negatif özelliklerini saymaya başlarsak daha ilk adımda kaybederiz.

İlişkinizden mutsuz musunuz? Rutini kırın ve değişiklik yaratmanın ilk adımına gerçekte nasıl birini istediğinizi saymakla başlayın. O zaman yolunuz açılır ve ilerleyebilirsiniz.

Ne istemediğinizi bilmekle ne istediğinizi bilmek arasında büyük fark vardır. Ne istemediğinizi bilmeniz sizi istemediklerinize götürür, algıda seçicilik de diyebiliriz buna. Oysa tam tersi ne istediğimizi bilmek bizi hedefe kitler. Ve bir bakmışsınız tam 12'den vurmuşuz hedefi.

Şimdi, ne istediğimizi biliyoruz artık. Peki, onu elde etmemizi engelleyen husus ne?

Tanışmamış olmak.

Sizi fark etmemiş olması.

Açılamıyor olmanız.

Kapılarınızın kapalı olması.

Acı çekerim korkunuz.

Onu kendinizden çok daha mükemmel bir konuma koymanız.

Bilinmeyen korkunuz.

Vs...

Eğer o kişiye âşıksanız ya da bir sevgiyi çok büyük bir aşk ile istiyorsanız nedeniniz ne olursa olsun doğru hayal kurduğunuzda ve içinizdeki dirençleri attırınızda ulaşırsınız. Zira aşk en yüksek frekanslı enerjilerden biridir.

Ancak içimizdeki o "istemediğimiz adam ya da kadın" düşüncesi ile savaşıyorsak onu hayatımızdan atamayız. Reddettiklerimiz hayatımıza daha da yapışır. Atın artık zihninizden "istenmeyen aşk" modelini...

Mutsuz bir birlikteliğiniz varsa özgür bırakın sevdiğinizi. Aşkınızı kaybetmemek için savaştığınızda onu daha çok kaybedeceğinizi bilin. Özgür bırakın ki size gelsin. Gelmiyorsa zaten hiçbir zaman gelmeyecektir, boşuna uğruna savaş vererek ne kendinize ne zamanınıza, ne de sevdiğinize yazık edin.

Duygularınızın enerjisine ve yaydığı vibrasyona güvenin. Onu hayatınıza çekin, peşinden gitmeyin. Detayları düşünmeyin, evrene bırakın. Siz sadece net bir şekilde ne istediğinize karar verin. Yükseltin enerjinizi ve daha çok vibrasyon yayın. Tüm "ama"ları atın zihninizden.

Enerjinizin akmasına izin verin. Yürekten isteyin, hissedin. Evrene inancınız tam olsun, şimdiden ona teşekkür edin. Tanrı'nın size verdikleri ve vermediklerinin hayrınıza olduğunu bilin ve teşekkür edin. Hareket edin, cesur olun, güvenin, emin olun. Beklemeyin, beklentiler her zaman hayal kırıklığına neden olur. Zira evrende hiçbir şey sizin saatinizle olmaz. Canlandırın sevgilinizi ve onun size derin bakışını. Hayatınızın yaratıcısı olduğunuzu bilin.

İSTEDİĞİNİZ ŞEYE ODAKLANDIĞINIZDA ONU KENDİNİZE ÇEKERSİNİZ.

Kuantum yasasında kişiler yoktur, enerjiler vardır. Bu bakımdan siz kim olursanız olun, o enerji düzeyinde değilseniz kendinize çekemezsiniz. Olumlu duyguların frekansı yüksektir, olumsuzların ise düşük... Siz hep yüksek frekansta olursanız sesinizi daha iyi duyurabilirsiniz hatta kendinize bile.

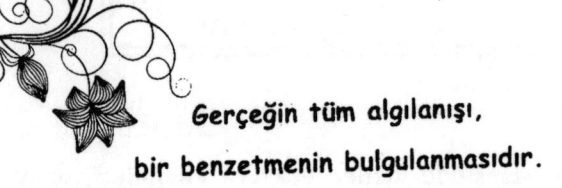

> Gerçeğin tüm algılanışı,
> bir benzetmenin bulgulanmasıdır.
>
> H. D. Thoreau

AŞK KUANTUMU 16. MADDE:
SEZGİLERİNİZE KULAK VERİN.

Sezgilerimiz duyulmayanı duymamız, görülmeyeni görmemiz için bize verilmiş bir ödüldür. Gerçeği algılayış tarzımızı hislerimizle, sezgilerimizle beslediğimizde önümüzde açılamayacak hiçbir kapı olmayacaktır.

Eğer hislerimizi dinlemeyi öğrenirsek doğru insanı, doğru zamanı, doğru mekânı ve doğru ilişkiyi çok rahatlıkla kurarız.

Zihninizi kandırabilirsiniz ancak yüreğinizin sesini asla!

Çevresel faktörler, sizi etkilemek isteyen insanların oyunları, vs... Hepsi sizin için bir aldatmaca olabilir ama yürek bunu çok rahat görür. Bu bakımdan gerçek aşkınızı hayatınıza çekmek için gönül gözünüzün daima açık olması lazımdır. Bu hayatta farklılık yaratmak istiyorsak, tıpkı sanatçılar misali görünmeyeni görmemiz ve göstermemiz gerekir.

Aşk insana insanlık değeri kazandıran bir olgudur. İnsanı gerçeğe ulaştıran, tanrısal özün sırlarını fark etmesini sağlatan akıl değil, aşktır. Eğer hepimiz Tanrı'nın birer yansımasıysak başkasına duyulan en derin aşk gerçekte Tanrıya duyulan aşktır. Aşkın özünde dile gelen ise, sezgidir. Birbirlerini bütünlerler.

Sezgi ile aşk, insan ruhunun kavrayış, anlayış gücüdür; bilme, öğrenme yeteneğidir. Yüreğinizin sesini dinleyin, o SES size doğru yolu gösterecektir.

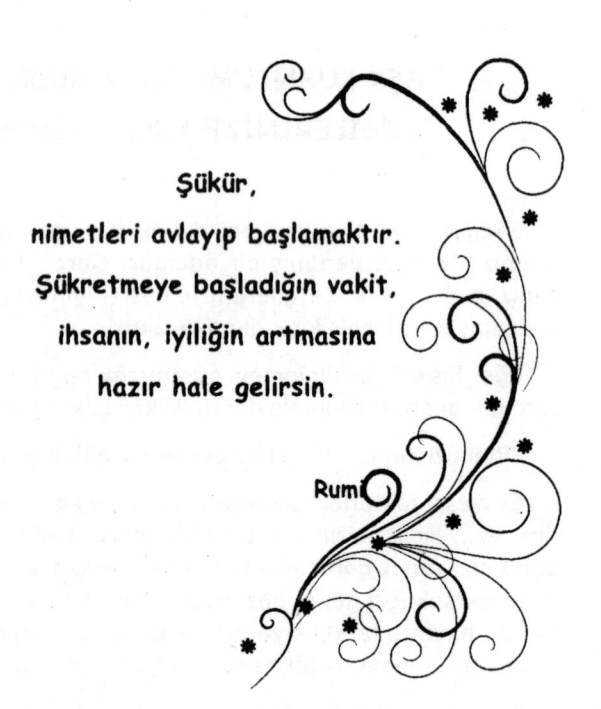

Şükür,
nimetleri avlayıp başlamaktır.
Şükretmeye başladığın vakit,
ihsanın, iyiliğin artmasına
hazır hale gelirsin.

Rumi

AŞK KUANTUMU 17. MADDE:
ŞÜKREDİN

Şükür, nimet çeşmesinden içmektir. Çeşme her ne kadar bol ve bereketli bir suya sahip olsa da, kapalıyken su kendiliğinden akmaz. Yani içmek için onu açmak gerekir...

Şükran yasası evrenin en temel yasalarındandır. Bizler sahip olduğumuz şeylerin değerini bilirsek evren "değer verdiğimiz şeylerin" kat ve katını bize armağan eder. Bizse o armağana ancak şükrederek teşekkür edebiliriz.

Yaşanılan olaylar karşısında "çok mutluyum" diye neşeli ifadeler kullanmakta şükretmenin başka bir türüdür. Sizin neşeniz, enerjinizi arttırır.

Şükretme enerjisi yoğun bir enerjidir. Şükrettiğiniz durumlarda her şeyin pozitif yönünü görürsünüz ve pozitif düşüncenizin yarattığı vibrasyonlar evrenden daha olumlu enerji dönüşünü size sağlar.

Bu dünyada her şeyin Allah'tan geldiğini bilmek zaten elde ettiğimiz ve edemediğimiz her şey için şükretme nedeni olması gereklidir.

Bazı müşterilerime içinden çıkamadıkları bir durum olduğunda, Şükredin doğruyu bulacaksınız diye salık veriyorum.

Hayatta her şeyin iki yönü vardır. Siz şükrettiğiniz zaman o şeyin iyi yönüne bakmış oluyorsunuz. Sahip olduklarınızın değerini bilmek nasıl enerjimizi yükseltiyorsa, hayıflanmak ta bir o kadar enerjimizi düşürür.

Yoksa siz hâlâ söylenip duruyor musunuz?

Bana bakmıyor, beni sevmiyor, benimle ilgilenmiyor!

Niye evrene devamlı olarak negatif vibrasyon yayıyorsunuz ki!

Düşüncelerimizi sahip olmadıklarımıza kilitledikçe, sahip olamayacağımız şeyleri arttırırız. Unutmayın hayatta neyi istersek ona sahip oluruz. Neye kilitlenirsek, odaklanırsak onu hayatımıza çekeriz. Niye hayıflanıp kendimize direnç oluşturalım ki!

Dinimizde hoşlandığımız şeyler kadar, hoşlanmadığımız şeyler için de şükretmemiz gerektiği belirtilir. Her şey Tanrının bize lütfudur, ne yazık ki hoşlanmadıklarımız da...

Bazen hoşlanmadığımız şeyler bizi özgür kılar ama fark etmeyiz... Fark etmek zaten şükretmektir.

Yaşadığımız her şey bizim için bir öğretidir. Kendimizin hayatımıza kattığı bir değerdir. Olumlu olsa da olmasa da. Şimdi siz geçmişte ilişkilerinizde çok mu kırıldınız? Şükredin. Zira niye kırıldığınızı, insanların size niye böyle davrandıklarını bulacaksınız. Bir kere gerçek nedenlerinizle de yüzleşince işte o zaman dersinizi almış, rutini kırmış, yeniyi hayatınıza sokmaya hazır hale gelmişsiniz demektir. Her deneyim bize bir armağandır.

Aç gözlülük hayıflanmayı getirir. Bir türlü tatmin olmayan istekler, kıskançlık, pişmanlık, memnuniyetsizlik, öfke, nefret, kin vs... gibi enerji akışımızı kısıtlayan, bize direnç oluşturan duygular bizi şükran duygusundan uzaklaştırır. Ve bir bakarsınız elinizde ama eksik gördüğünüz şey, hayatınızdan tamamen çıkıp gidivermiş. Oysa siz bir parçanın eksiği yerine var olana baksanız, var olan sizin ruhunuzla daha da bütünleşir.

Tekrarlıyorum, bu dünyaya ne bunalmaya ne de bunaltmaya geldik. Şükredin varlığınıza ve hiç kimseyi bunaltarak eziyet etmeyin. Herkese, her olaya teşekkür edin.

Şükretmek bizi hayallerimize daha çabuk ulaştırır. Görünmeyeni görünür kılar, bizi başarılı kılar.

Şimdi tekrar çıkarın kâğıtlarınızı ve kalemlerinizi....

Yaşadığınız ilişkileri tekrar gözden geçirme zamanı geldi.

En kötü ilişkiniz..............................

Nedeni...

Bu ilişki size ne öğretti?....................

O zaman sevdiğinize teşekkür edin ve bu yaşanmışlık için şükredin.

Hayatınızda memnun olmadığınız durum?

Nedeni.........................

Size ne öğretiyor?..........

Teşekkür edin, serbest bırakın ve şükredin........................

Bu listeyi kendinizce uzatıp götürün...

Göreceksiniz, siz şükrettikçe huzura kavuşacak, enerjinizi arttıracaksınız. Ve işte O, gerçek aşk kapınızı çalmaya hazır bile!

Atalarımız her şeyde hayır vardır diye boşuna söylememişler...

Yaşadıklarınızda hayır arayın, şer değil....

Hayatın mucizelerinin her an farkına varın.

Hani şu dillere pelesenk olmu? "Farkındalık" bu demek işte...

> **Hadi hep birlikte şükrediyoruz.**
>
> Ya Rabbi, bana ve diğer yarattıklarına verdiğin maddi ve manevi nimetlerin sabaha (akşama) kadar bizim yanımızda kalması yalnız sendendir. Senin ortağın yoktur. Sana hamd ve şükrediyoruz.
>
> Sabahları:
>
> *Allahümme mâ esbaha bi min nimetin ev bi-ehadin min halkıke, fe minke vahdeke, lâ şerike leke, fe lekel hamdü ve lekeşşükür.*
>
> Akşamları:
>
> *Allahümme mâ emsa bi min nimetin ev bi-ehadin min halkıke, fe minke vahdeke, lâ şerike leke, fe lekel hamdü ve lekeşşükür.*

Her yeni güne güzel düşüncelerle, imgelemelerle, hislendirmelerle şükrederek başlayın. Yaradan'a bize verdiği tüm nimetler için şükredelim.

Çekimi gerçekleştiren yalnız görüntü değildi, bunları hissetmek de gereklidir. Daha önceki hislendirme bölümünde yazdığım gibi, bolluğu, bereketi, sevgiyi, sevinci, aşkı hissedin. Hatta bunları hissetmek için küçük oyunlar oynayın. Göreceksiniz enerjiniz nasıl da değişecek.

Şimdi çıkarın hazine haritanızı ve mutluluğunuzla kutsayın haritanızı... Yaşadığınız her şey için şükredin ve çekin gerçek aşkı kendinize...

Seviyorum Seni

Seviyorum seni ekmeği tuza banıp yer gibi
Geceleyin ateşler içinde uyanarak
Ağzımı dayayıp musluğa su içer gibi,

Ağır posta paketini, neyin nesi belirsiz,
Telaşlı, sevinçli, kuşkulu açar gibi.
Seviyorum seni denizi ilk defa uçakla geçer gibi.
İstanbul'da yumuşacık kararırken ortalık
İçimde kımıldanan bir şeyler gibi
Seviyorum seni 'yaşıyoruz çok şükür' der gibi.

Nazım Hikmet Ran

> Açılmamış kanatların,
> büyüklüğü bilinmez
> Andre Gide

AŞK KUANTUMU 18. MADDE:
HAYATINIZIN DİZGİNLERİNİ ELİNİZE ALIN.

Başka insanların hayatlarını kontrol etme ihtiyacı kendi hayatlarının kontrolünü sağlayamayanları ihtiyacıdır. Ya da tam tersi hayatınızın kontrol edilmesine izin veriyorsanız bu da kendi kendinizi yönetemediğinizdendir.

Hadi bırakın artık başkalarını ve kendinize odaklanın. Alın hayatınızın yönetimini elinize. Ve kararlarınızı verin özgürce.

Evet değişim her zaman zordur. Geçmişimize bir kalın bir lastik ile bağlıyız ve biz ilerlemek istedikçe gerilen lastik bizi daha fazla geriye çekmeye çalışıyor. O zaman ne yapacağız, alacağız makası ve keseceğiz lastiği. Yani değişim için uzun zamandır düşündüğümüz eylemi bir anda yapacağız.

Değişim bir motivasyon işidir, unutmayın. Eğer değişmek istiyor ve değişime hazırlanıyorsak, karartın gözünüzü o motivasyonunuz varken.

Hayatınızın dizginlerini elinize alın ki, "gerçek aşkınız" geldiğinde buluşabilesiniz. Yoksa ya sizin ya da dışarıdan hayatınıza edilecek müdahale neticesinde "KEŞKE" diyebilirsiniz.

Bir müşterim kendinden 25 yaş büyük bir adamla 20 yıldır birlikte. Hayatını mahvetti ve mahvetmeye de devam ediyor. Zira kendi hayatının kontrolünü eline bir türlü alamadığı için önüne gelen her türlü teklifi adama göre düzenliyor ve gittikçe girdabının dibine doğru sürükleniyor. Kadına bir şey yapamıyorum, tercihi bu yönde... Ama sonuç: mutsuz. Artık mazoşist olduğunu düşünmeye başladım. Gülmeyin, çevremizde acıdan beslenen çok insan var.

Neyse ben bu kitabı aşkı arayanlar ve mazoşist duygulara sahip olmayanlar için yazıyorum!

Hayatınızın kontrolünü elinize alabilmek için öncelikle kendinizi güçlü hissetmeniz gerekli ve güçlü hissetmek için de keyfinizin yerinde olması gerek.

Hadi kendi zevkiniz için plan yapın.

Oturun ve duygu durumunuzu değiştirmek için şimdi neler yapmakta olduğunuzu yazın. Hiçbir şey yapmıyorsanız, neler yapabileceğinizi yazın.

Kendinizi iyi hissettirecek şeylerin uzun bir listesini yapın.

Zevk alacağınız şeylerin karşınıza çıkmasını beklemeyin.

Kendinizi zevke hazırlayın ve gelebilmesi için hayatınızda ona yer açın.

Zevk geldiğinde aşk da gelecektir.

Mutluluk vibrasyonları evrenden onu çağıracaktır.

Beni Mutlu Edecek Şeyler listesi

1.
2.
3.

Güzel cevap,
her zaman
daha güzel
soruyu sorana verilir.
          E. Cummings

AŞK KUANTUMU 19. MADDE:
KENDİNİZİ GÜÇLENDİRECEK SORULAR SORUN

Bu kitapta baştan beri inançlarımızın kararlarımızı, eylemlerimizi, hayatımızın yönünü ve dolayısıyla da kaderimizi nasıl etkilediğini anlatmaya çalışıyorum. Tüm bu etkiler bizim düşüncelerimizin ürünüdür. Beynimizin olayları nasıl algıladığı bakış açımız ile ilgilidir. O halde gündelik gerçeğimizi nasıl yaratacağımız konusunun merkezi "nasıl düşündüğümüz", sorusudur.

Sorun kendinize:

HAYATINIZDAKİ EN ÖNEMLİ FARKI YARATIN UNSUR NEDİR, KİM OLDUĞUNUZU VEYA NASIL BİR İNSAN OLDUĞUNUZU, NEREYE GİTTİĞİNİZİ HAYATINIZDAKİ HANGİ ÖZELLİK BELİRLİYOR?

Eğer bu soruya cevap verebildiyseniz göreceksiniz ki hayatınızı biçimleyen yaşadığınız olaylar değil, sizin onları nasıl değerlendirdiğiniz ve nasıl yorumladığınızdır.

Demek ki bakış açınızı değiştirdiğinizde kaderinizi de etkileyebilirsiniz.

Düşünmek aslında , kendinize bir dizi soru sorup onları cevaplamaktır.

Demek ki hayatımızın kalitesini değiştirmek istiyorsak, gerçek aşkı hayatımıza katmak istiyorsak, kendimize sorduğumuz soruları değiştirmemiz gerekir. Kaliteli sorular, kaliteli hayatı yaratır. Başarılı insanların daha iyi sorular sormaları, bunun sonucunda da daha iyi cevaplar almaları bu nedenledir.

Aşk ilişkilerin iyi gitmesi için, anlaşmazlık çıkabilecek noktalarla ilgili insanların doğru soruları sorması, birbirini parçalayacakları yerde birbirini desteklemesi gereklidir.

Soruların başlattığı süreç bizim aklımızın bile alamayacağı etkiler getirir hayatımıza. Kişisel hapishanelerimizin duvarların yıkan da, kendi sınırlamalarımız hakkında sorduğumuz sorulardır.

Beynimiz aslında bir saniye içinde tüm zorluklara çözümler bulma gücünü getirir aynı şekilde duygusal durum da yaratır. Beynimizin depolama kapasitesi dünyanın en büyük bilgisayarından on kat daha fazladır. Ancak önemli olan beyninizi nasıl kullanabileceğinizi bilmektir. Beyniniz yani kişisel veri bankanızdan istediğinizi alabilmeniz için ona güzel sorular yöneltmeniz gerekmektedir.

Çoğumuz yakışıklı ya da çok güzel, birbirine bağlı, iyi bir ilişkisi olan birini gördüğümüzde "Ne kadar şanslı!", "Ne kadar başarılı!" diye düşünürüz. Oysa düşünce gücümüz hayatımızı etkiliyorsa ve o düşünceyi de sorduğumuz sorular belirliyorsa o zaman hayatın her alanında doğru soru sormalıyız.

Bazı insanlar sürekli aşk acısı çekerler. Daimi depresyondadırlar. Neden? Çünkü içinde bulundukları durum sınırlıdır. Hayatlarını sınırlı hareketlerle ve yarım bir fizyolojiyle yaşarlar. Ama daha da önemlisi aşkta başarılı olamamaya odaklandıkları için duygusal tecrübeleri bu mevzuu böyle algılar ve kişi içinden çıkılamayacak bir girdapta sürüklenmeye başlar. Aslında bu girdaptan çıkmak kolaydır. Yapılacak tek şey "Zihinsel Odağın" değiştirilmesidir.

Zihinsel odağın değiştirilmesi

Zihinsel odak nasıl değiştirilir? Yeni bir soru sorarak.

Kendinizi acılı, güçsüz, çaresiz ve sıkkın mı hissediyorsunuz?

"Neden ben?

Ne yararı var?

Niye bu durumu yaşıyorum?

Ne hale geldim?

Bana ne oldu?"

Gibi sorularla kendinizi daha da mutsuz yaparsınız.

KORKUNÇ SORULARIN CEVABI DA KORKUNÇ OLUR.

Beyninize güzel sorular sorun.

Mesela beyninize "Aşk ilişkilerinde neden hep başarısız oluyorum?" diye bir soru sorarsanız, gerçekte başarısız olmasanız bile beyin depodan başarısız durumları çeker ve uyduruk bile olsa size cevap verir.

Mesela "Aptalsın da ondan..." diyebilir...

Oysa şöyle bir soru iyidir?

"Sevdiğimi mutlu etmek için daha iyi ne yapabilirim?

Bu durumu nasıl değiştirebilirim?

Bu ilişkiyi nasıl daha da ilerletebilirim?

Gerçek aşkı nasıl bulabilirim?

Yani NEDEN BEN yerine NASIL YAPABİLİRİM sorusu hayat kalitemizi değiştirecektir.

> **HAYATTA YAPTIĞINIZ HER ŞEYİ SORULAR SAPTAR. YETENEKLERİNİZDEN İLİŞKİLERİNİZE, GELİRİNİZE KADAR... SORULMUŞ SORULAR KADAR SORULMAMIŞ SORULAR DA KADERİNİZİ BİÇİMLENDİRİR.**

BEYNİMİZ TIPKI LAMBANIN CİNİ GİBİ BİZE HER İSTEDİĞİMİZİ VERİR. BU HAYATTA NEYİ ARARSAK ONU BULURUZ.

"Neden sevilmiyorum? "gibi sorular sorarsanız, kendinizi sıkkın ve sevilmeyen bir insan olarak hissetmeniz için bir neden olduğu fikrini destekleyen referanslara odaklanır, onları arar, sonunda da bulursunuz.

Oysa "Durumu nasıl değiştireyim de kendimi mutlu edeyim, daha çok sevileyim?" diye soru sorarsanız o zaman çözüme odaklanırsınız.

Tüm gün ben mutluyum demek iyidir, sizi mutlu eder ama fizyonominizi değiştirmez. Polyannacılık oynamak yerine "Şu anda hangi konuda mutluyum? Şu an beni en çok ne mutlu ederdi?" gibi sorular sorarsanız hem mutluluğa giden yolu bulur hem de çevrenizdekileri daha mutlu edersiniz.

DAHA MUTLU, KEYİFLİ, SAĞLIKLI BİR HAYAT İÇİN SORULAR...

Aşağıdaki Sorulara Birden Fazla Cevap Verebilirsiniz...

ŞU ANDA HAYATINIZIN NESİNDEN MUTLUSUNUZ?

ŞU ANDA HAYATIN NERESİNDEN HEYCAN DUYUYORSUNUZ?

HAYATINIZIN NESİNDEN GURUR DUYUYORSUNUZ?

HAYATINIZDA NEYE MİNNET DUYUYORSUNUZ?

EN ÇOK NEDEN ZEVK ALIYORSUNUZ?

HAYATINIZDA SİZİN İÇİN EN ÖNEMLİ OLAN DURUM NEDİR?

KİMİ SEVİYORSUNUZ? KİM SİZİ SEVİYOR?

ONU NEDEN SEVİYORUM? BANA NASIL BİR DUYGU VERİYOR?

BUGÜN SEVGİLİNİZ VEYA GERÇEK AŞKINIZ İÇİN
NE GİBİ ADIMLAR ATTINIZ?

DAHA MÜKEMMEL BİR SEVGİLİ NASIL OLURSUNUZ?

BUNU NASIL TERSİNE ÇEVİREBİLİRSİNİZ?

SIRADANLIKTIN NASIL KURTULURSUNUZ?

AŞKI HAYATINIZA NASIL ÇEKERSİNİZ?

KENDİNİZİ NE KADAR GÜZELLEŞTİREBİLİRSİNİZ?

PROBLEMİNİZİN HARİKA YANI NEDİR?

PEKİ, SORUNUNUZDA MÜKEMMEL OLMAYAN NELER VAR?

BUNU YAPMAYA NE KADAR İSTEKLİSİNİZ?

NELER YAPMAYA İSTEKLİSİNİZ?

BU YAPMA SÜRECİNİ NASIL KEYİFLİ HALE GETİREBİLİRSİNİZ?

NASIL DAHA FAZLA VAKİT YARATABİLİRSİNİZ?

Kelimelerin gücünü bilmeden,
insanı anlamak imkânsızdır.

Konfüçyüs

AŞK KUANTUMU 20. MADDE:
KELİMELERİN ENERJİSİNDEN FAYDALANIN

Kelimeler sadece kelime değildir. Bazen keskin bir hançer, bazen kalbi fetheden bir zafer, bazen umut, bazen ise umutsuzluktur.

En derin isteklerimiz kelimeler aracılığıyla hayat bulur.

Tüm liderlerin en büyük silahı seçtikleri kelimelerdir. Kelimeler yalnız duygu yaratmakla kalmaz, eylem de yaratır. Eylemlerimizden de hayatlarımızın sonuçları çıkar.

Seçtiğiniz kelimelerin size büyük güç getireceğini hiç aklınızdan çıkarmayın.

Kendi kendimizle bile konuşurken seçtiğimiz kelimelerin kaderimizi etkilediğini hiç unutmayın.

Kelime hazinenizin zengin olması renklerin her tonuna sahip olmanız anlamını taşır.

Mesela nefret kelimesi...

Ondan nefret ediyorum, bundan nefret ediyorum...

Ya da iğrenç...

Bu tip kelimeler insanda olumsuz duygu yoğunluğunu arttırır.

Oysa harika, süper, tercih ederim vs... gibi kelimeler olumlu duygu yoğunluğunu arttıracağından çevrenize de ışık saçmanıza neden olur.

Ve ışıldamaya başladığınız zaman da gerçek aşk kapınızdadır.

Özellikle sevgiliye söylenen tatlı sözler, onu daha da bir baştan çıkarmaya yarayacaktır. Harflerin enerjisi sözcükleri oluşturur o da inanın bizim kaderimiz üzerinde etki eder.

Mesela şövalye sözü...

Duygu yoğunluğu oldukça geniştir.

Erkeğinize şövalye gibisin dediğiniz zaman, ona hem terbiyeli, hem kibar, hem asil, hem kuvvetli ve kudretli, hem masalsı vs.... diyor olursunuz.

Alıştığınız sıradan kelimeleri değiştirdiğinizde, hayatınızı da değiştirmiş ve güçlendirmiş olursunuz.

Ama bazı insanlar bak. Kelimelere tamamen takılı kalmışlar ve altındaki duygu yoğunluğunu anlamıyorlar. İşte hayatımda en çok ilişki kurmaktan korktuğum insan tipi bunlardır. Zira her şeyi yanlış anlarlar.

Evet, kelimelerin, biyokimyasal gücü vardır. Eğer hayatımızı değiştirip kaderimizi biçimlendirmek istiyorsak, kullanacağımız kelimeleri bilinçli olarak seçmeli, bu seçeneklerimizi genişletmek için de sürekli uğraş vermeliyiz.

Eğer kullandığınız kelimeler sizi güçsüzleştiriyorsa o kelimelerden kurtulun. Söylemeyin. Onların yerine güçlü kelimeler koyun.

Kelimeler hastalandırabilir, hatta öldürebilir. Akıllı doktorlar nasıl cümle kurduklarına dikkat etmelidirler. Aynı şekilde aşk ilişkisi için de bu geçerlidir. "Dil mi, dilber mi?" dememiş boşuna atalarımız.

Kontrolü elinize alın ve kelimelerinizi doğru seçin. Güçlü kelimeler kullanın.

Bazı kelimeler de baştan çıkarıcıdır. Mesela "Taze" kelimesi.

Otel menülerinde sıkça rastlarız. Taze domates ile yapılmış...........

Oradaki taze domates bize oldukça çekici gelir ve yemeği ısmarlarız.

Oysa taze domates bildiğimiz domatestir.

Şimdi kelimelerinizi şekillendirin, bilincinizdeki renk tonlarını arttırın.

Hayat resim yapmaktır, toplama yapmak değildir.

Çatallar ve kaşıkların sırrını öğrenin...
Bazen başkalarına sıradan gelen
kavramlar hayatın sembolik anlamları
içinde sizin herşeyiniz olabilir.

Duygu olmadan
hiçbir karanlığın aydınlığa dönüşmesi,
hiçbir ataletin hareketi dönüşmesi
mümkün değildir.

C.Jung

AŞK KUANTUMU 21 MADDE: DUYGULARINIZI KONTROL EDİN

Duygu kontrolü aşk kuantumunun en önemli maddelerinden birisidir. Duygularımızı bizler yaratıyoruz. Hayal kırıklıkları, mutluluklar vs... Hepsini biz kendi ellerimizle yaratırız.

Hayatta iki tür insan var.
Tozu dumana katanlar,
Tozu dumanı yutanlar...

Tozu dumana katanlar, duygularıyla barışık insanlardır. Mutsuz da olabilirler, mutlu da. Bir gün sevilmeyebilir, diğer gün fazlasıyla da sevilebilirler. Bu tip insanlar duygularını uçlarda yaşarlar. Sevinçleri hazları, üzüntüleri ıstırapları olur.

Ancak tozu dumanı yutanlar böyle değildir. Son derece sıradan ama duygusal açıdan da risksiz bir hayatları vardır. Aşırı gözyaşları yoktur ama yürekten atılan kahkahaları da... İlişkileri sıradandır, evlilikleri de öyle, ihtiras hissetmezler. Duygu riski almaya korkarlar.

Ve bu tip insanlar bir kere duygu yoğunluğu hissetmeye başladı mı, korkarlar, kendilerinden kaçarlar.

Aynı şekilde sevdiklerini incitmemek uğruna(ya da sevdiği biri tarafından incitilmemek) uğruna tüm duygularını feda ederler. Sonra da kendilerini var eden tüm bağlantı duygularını yok edip, en sevdikleri kişinin de hayatını cehenneme çevirirler.

Anthony Robbins'e göre insanların duyguları ele alır biçimiz dört ana gurupta toplanır.

Kaçınma: Hepimiz acılı duygulardan kaçınmak isteriz. Hatta daha beteri de bazı insanlar güvende olma adı altında hiçbir duyguyu hissetmemeye çalışırlar. Heyecan verici ilişkilerden kaçarlar. Duygulara bu şekilde davranmak çok kötüdür. Olumsuz duygulardan kaçmak kısa dönemde sizi koruyabilir ama diğer yandan en çok istediğiniz sevgiyi, yakınlığı ve başları da sizden uzak tutar. Hâlbuki bir zamanlar size olumsuz gelen bir duygunun içinde saklı bulunan anlamları çıkarabilirsiniz. O anlamı bir bulursanız, bir daha duygulardan kaçmazsınız.

İnkâr: Duygularla başa çıkabilmek için ikinci bir kişisel uygulama ise 'inkârdır. Bazen insanlar kendilerini duygulardan kurtarmak için "Bu o kadar kötü bir duygu değil" derler. Kendilerini kandırırlar, oysa içleri kan ağlıyordur. Duyguların size verdiği mesajları görmezden gelmekle durumu daha iyiye götüremezsiniz. Kendinizle ve duygularınızla dürüst olun. Duygularınızın size vermeye çalıştığı mesaj görmezden gelinirse, o duygular ancak güçlerini arttırırlar ve giderek yoğunlaşırlar. Ta ki dikkatinizi o duyguya verene kadar. Duygularınızı inkâr etmeyin ve ne olduğunu keşfedin.

Rekabet: Eğer duygularınızın size verdiği mesajı görmeyip, kabulleniyor ve yaşadığınız o kötü duyguları normalleştiriyor bir de üstüne başkalarıyla rekabete girip, "Sen de kendini kötü şeyler mi yaşıyor zannediyorsun, oysa ben neler yaşıyorum?" diye bir de üstünlük duygusu taslıyorsanız duygusal felakete sürükleniyorsunuz demektir. Bu duyguları taşıyorsanız bilin ki siz artık kendinizi hep kötü hissedeceksiniz. Eğer olumsuz duygular taşıyorsanız tekrar ediyorum bazı kötü hislerin olumlu duygulara amaç olabileceğini kaçırıyorsunuz demektir.

Öğrenme ve Kullanma: İyi bir hayat istiyorsanız hissettiklerinizin sizin yararınıza olduğunu görmeniz gereklidir. Tanrı bu dünyayı öyle bir dengede yarattı ki hisleriniz alarm veriyor ve bunu görmezden gelemezsiniz, kendinizden kaçamazsınız. Duygularınız sizin pusulanızdır. Onları takip edin ve sizi götüreceği yeri öğrenmeye çalışın. Pusulanızı doğru kullanamazsanız fırtınada denizin ortasında kaybolur ve boğulursunuz.

NEYİ ARIYORSANIZ, ONU BULURSUNUZ.

Duygularınız daha kaliteli bir yaşam için sizin eylem sinyallerinizdir.

DUYGULARINIZI SAKIN BASTIRMAYIN, HÜZNÜ DE YAŞAYIN VE ÖĞRETİYİ ALIN, HAZZI DA YAŞAYIN VE MUTLULUK YOLUNU KEŞFEDİN. DUYGULARIMIZIN TÜM KAYNAĞI BİZİZ. ONLARI YARATAN DA BİZİZ. KENDİNİZİ SORGULAYIN NEDEN BÖYLE BİR DUYGU YARATIYORSUNUZ. YARATTIĞINIZ HER DUYGU SİZİN GERÇEĞİNİZDİR. KAÇMAYIN!!!

Peki, o zaman tüm duygularımızı biz yaratıyorsak neden kendimizi daha iyi hissedeceğimiz duygular yaratmayalım? Hadi bakalım, duygusal çöküşünüzü nedenlendirin ve onu güzel duygularla yer değiştirin.

Aşk acısı mı çekiyorsunuz?

Gerçekten aşk hayatınızda kötü giden bir durum mu var?

Yoksa kavuşamamak mı sizi üzüyor?

Beklentileriniz ne? Sizi üzen, size iç sıkıntısı yaşatan beklentilerinizin karşılanmaması mı?

Karşınızdaki illa ki siz istediğiniz anda size o ilgiyi vermek zorunda değildir.

Dün verdiyse yarın da verecek?

Neden bu sabırsızlık?

Eğer aşk hayatınız gerçekten kötü gidiyorsa, elle tutulur, gözle görülür nedenleriniz varsa bu ısrar niye?

Şu andaki olumuz duygularınız aşk hayatınızda bir şeylerin kötüye gittiğini de gösterebilir!

Belki de göstermiyordur ve sizin tüm sorununuz bakış açınızdır.

Bakış açınızı değiştirin bakalım, gerçekten hisleriniz doğru mu?

Kendinize dürüst olun!

Akıllı sorular sorun.

Olayları algılayış şekliniz neye odaklandığınız ve olaylardan ne anlamlar çıkardığınız tarafından kontrol ediliyorsa anlayış bicimizi değiştirmenizi öneriyorum.

Belki de incinmekte haklı değilsiniz, sizin iletişim şeklinizde problem vardır.

Eğer depresyondaysanız o zaman rutini kırıp yeni eylemler yapmanız gereklidir.

Unutmayın her rutini kırışınızda size yeni ufuklar açılacaktır.

ACI DUYGULARINIZ SİZE EYLEMİNİZİ DEĞİŞTİRMEYİ SALIK VERİYOR OLABİLİR!

Yine Antony Robbins, kitabında duygularınızı kontrol edebilmek için altı adım önerir.

Gerçekte ne hissettiğinizi tanımlayın.

Kendinizi baskı altında hissedeceğiniz yerde kendinize doğru sorular sorun.

Şu anda "Kendimi reddedilmiş hissediyorum" diyebilirsiniz.

Peki, gerçekten ret mi edildiniz?

Yoksa sevdiğinizden uzak kalmak mı sizi üzüyor?

Hayal kırıklığına mı uğradınız?

Reddedildiniz mi yoksa tedirgin misiniz?

Gerçekten ne hissettiğinizi bulduğunuz an sıkıntınızın yoğunluğunu azaltabilirsiniz. O da bu hislerinizden ders almanızı kolaylaştırır ve yolunuzu bulursunuz.

Bu duygularınızın sizi desteklemek olduğunu fark edin.

Duygularınız doğru, ona güvenin. Sadece bakış açınız yanlış olabilir. Kendinizle savaşmayı bırakın ve kabullenişe geçin. "Ben bu duyguyu kabul ediyorum."

Bir duyguyu yanlış çıkarmak savaşınızı arttıracaktır, yapmayın. Sizin karşı koyup direndiğiniz şeyler, genellikle duygularınızı daha da yoğunlaştırır.

Bu duygunun arkasındaki öğretiyi merak edin.

Değişen duygusal durumunuza merakla yanaşırsanız, nedenini öğrenmek isterseniz duygunuzun kontrolünü ele almanıza yardımcı olur. Zorluğu çözersiniz ve ileride bu duyguyu tekrar hissettiğinizde nasıl çözümlemeniz gerektiğini bilirsiniz.

Böyle bir duygu içindesiniz. Peki daha iyi hissetmek, durumunuzu daha iyiye götürmek için ne yapabilirsiniz?

Sizi aramasını bekliyor ve şu anda aramıyorsa, iyi olması mümkün olamaz mı?

Ya da şu anda başka bir moda olması.

İlla ki karşınızdaki her an sizinle aynı duyguları hissetmesine gerek yok. Sakin olun. Bekleyin, günlerin neler getireceğine bakın.

Sorun kendinize:

Aslında ne hissetmek istiyorsunuz?

Neye inanıyorsunuz ki bunu hissediyorsunuz?

Gerçekten bir sorununuz var mı?

Peki bu sorunu şu an nasıl halledebilirsiniz?

Bundan ne öğrenebilirsiniz?

Hadi yine alın elinize kâğıdı kalemi ve tüm bu soruları cevaplayın.

4. Kendinize güvenin.

Allah insana bir problem veriyorsa bunun çözümünü de veriyordur. Eğer çözüm yoksa bu problem değildir.

Öncelikle kendinize tüm problemlerinizin üstesinden gelece?iniz konusunda güvenin. Aklınıza daha önceden böyle bir problemin nasıl üstesinden geldiğinizi veya gelemediyseniz nasıl bir hata yaptığınız konusunda sorular sorun. Geçmişte yaptıysanız şimdi rahatlıkla yaparsınız. Yapamadıysanız şimdi yapın ki ileride aynı problemle karşılaşmayın.

Hadi bırakın kara kara düşünmeyi ve eyleme geçin. Hareket edin, rutini kırın, kendinizi iyi hissedin.

5. Problemler çözülmek içindir.

Bu problemi bugün çözebilirseniz yarın daha rahat çözeceksiniz, korkularınızdan kurtulun ve kendinizden emin olun.

Problemlerinizi gözünüzde büyütmeyin. Bir yolunu bulun. Çözüme konsantre olun. Elinize bir kâğıt kalem alın ve çözüm önerisi üretin.

Yerinizde eşelenmek sizin olumsuz duygu yoğunluğunda daha da dibe batmanıza neden olur. Şimdi probleme çözüm bulur, ertelemezseniz, gelecekte aynı tip problemle karşılaştığınızda her şeyin üstesinden gelebileceğinizden daha da emin olursunuz. Belki de bakış açınız değiştiğinden gelecekte böyle bir problem yaşamazsınız.

Coşkuyla eyleme geçin.

Şu anda hissetmekte olduğunuz olumsuz duygulara saplanıp kalmayın. Algı biçiminiz ve eylemlerinizi değiştirin. Belki de kendinizi bir film karesinde görüp, başrol oyuncularının filmlerde neler yaptığını düşünerek yaratıcılığınızı arttırmanız size kolaylık sağlayacaktır.

Demek ki bu iletişim şekliniz ve bu eylemleriniz sizi iyi hissettirmiyor. Kendinize güvenin. Tekrar tekrar aynı duyguyu yaşamak istemiyorsanız bu adımı atmanız elzem olmuştur.

UNUTMAYIN OLUMSUZ BİR DUYGUYU KENDİNİZ-
DEN UZAKLAŞTIRMANIN İLK YOLU BU DUYGUYU
TATMAYA BAŞLADIĞINIZ AN ÇÖZMENİZDİR. AKSİ
TAKDİRDE OLUMSUZ DUYGU YOĞUNLUĞUNUZ AR-
TACAK VE ÇÖZMENİZ BİRAZ DAHA ZORLAŞACAKTIR.
YILANIN BAŞI KÜÇÜKKEN EZİLİR!

TEDİRGİN MİSİNİZ? O zaman işler yolunda olmayabilir.

Niye tedirgin olduğunuzu sorun kendinize.

Ne istediğiniz net bir şekilde bulun ve buna göre eylemlerinizi düzenleyin.

Bu duygunuzu yok edebilecek eylemler düşünün.

KORKUYOR MUSUNUZ? Neden korkuyorsunuz, bulun.

Ya bu duruma hazır olun, ya da bu durumu değiştirmek için neler yapabileceğinizi düşünün. Korkularınıza ilişkin önlemler alın. Nelerde yanlış yapıyorsunuz da korkuyorsunuz? Ya da korkulacak bir ilişki içinde misiniz?

Problemi çözün.

İNCİNİYOR MUSUNUZ? Sizi neden incitmelerine izin veriyorsunuz?

Beklentilerinizin karşılanmadığı nedeniyle mi incindiniz?

Yoksa size gerçekten bir haksızlık mı yapılıyor?

Haksızlığa uğradığınızı düşünüyorsanız, bunların size yapılmasına izin vermeyin.

Sizi inciten insana mesajınızı, incindiğinizi net bir şekilde söyleyin, anlamıyor mu sizi daha fazla incitmesine izin vermeyin.

İncinmemek için çözüm bulun.

İnsan durduk yere incindiğini düşünmez, vardır bir nedeni.

ÖFKE Mİ DUYUYORSUNUZ? Öfke duygusu genelde çileden çıkma nedenidir.

Bu kişi uzun vadede sizi gerçekten sevecek mi?

Cevabınız hayır ise, çıkarın hayatınızdan.

Yok, hayır geçici bir durumsa çözüm yolu deneyin.

Öfke duygusu çok yoğun bir duygudur. Bu duygunuzu muhakkak çözmelisiniz.

Ya bakış açınızı değiştirir ya da harekete geçersiniz.

Keskin sirke küpüne zarar, bu beden ve ruh size verilmiş bir armağandır ve armağanlar değer görmeyi hak ederler.

HIRSLANDINIZ MI? Hayatınızda gerçekten ters giden bir şey var demektir,

Hadi engelleri kaldırın önünüzden ve kendi yolunuzu keşfedip, yolunuza devam edin.

Evren o kadar büyük ki, hayatınızdaki tek kişi, ya da hayatınızda olabilecek tek kişi o değil.

Sizi hırslandıran duyguyu bulun ve onu yok edecek önlemler alın.

Algınızı değiştirin.

Şu anda yapabileceklerinizden daha iyisini yapın.

Durumla nasıl başa çıkabileceğinize dair rol modeller bulun.

İnancınız daim olsun.

Kendinize güvenin.

SUÇLULUK MU DUYUYORSUNUZ? O zaman muhakkak bir yerde yanlış yapıyorsunuz demektir.

İçinde bulunduğunuz durumu ya değiştirin ya da önlemler alın.

Suçluluk duygusu sahip olduğunuz erdemlerinizden fedakârlık yaptığınız anlamına gelir.

Problemle yüzleşin ve kendinize ve inançlarınıza sahip çıkın.

Ya bakış açınızı değiştirin ya da altından kalkamayacağınız yükü taşımayın.

Çözüm sizin elinizde.

Belki karşınızdakini şimdi incitmek gelecekteki büyük incitiğin önüne geçmiş olur.

Ya da özür dileyin ve bir daha suçluluk duymayacağınız eylemlere kalkışın.

Güç sizin elinizde...

KENDİNİZİ YETERSİZ Mİ HİSSEDİYORSUNUZ? Hangi konuda yetersiz olduğunuzu düşünün ve kendinizi güçlendirin.

Yetersiz olduğunuz konuyu bulun ve üzerine gidin.

Nasıl bu işin altından kalkabilirsiniz?

Kendinizi nasıl geliştirebilirsiniz?

Zaman kaybetmeyin ve hemen eyleme geçin.

İnsan istedikten sonra en güçlü canavarı bile yenme yolunu bulabilir, umudunuz her daim olsun.

Savaşmaktan kaçmayın ki ileride "KEŞKE"leriniz olmasın.

OMUZLARINIZDA AŞIRI YÜK MÜ HİSSEDİYORSUNUZ? Bu duygu genelde depresyonu beraberinde getirir ve çıkış yolunun olmadığını düşünürsünüz.

Oysa her durumda bir çıkış yolu vardır.

Bu durumu bulmaya çalışın.

Kontrol edebileceğiniz şeylere odaklanın ve kendinizi bunların üstesinden gelerek cesaretlendirin.

Hayatınızdaki her alanda savaşamazsınız öncelikle savaşabileceğiniz unsurları belirleyin ve onların üstesinden gelin. Göreceksiniz ki bir şeyin üstesinden geldiğinizde kendinize güveniniz gelecek ve her şeyin altından rahatlıkla kalkacaksınız.

İnancınızdan güven alın.

Kendinizi güçlü hissettiğiniz anda problemlerinizi çözün. Kimse size yardımcı olamaz. Hayatınızın direksiyonunu elinize alın ve arabanızın nereye gideceğine siz karar verin, kimseden medet beklemeyin.

YALNIZ MI HİSSEDİYORSUNUZ? Herkesin zaman zaman kendini yalnız hissettiğini bilin.

Size önem verecek ve sevgi verecek insanlar her zaman vardır. Gözlerinizi açın ve o kişileri bulun. Yalnız asla değilsiniz.

Ne tür bir bağ sizin yalnızlığınızı çözebilir. Bu duyguya odaklanın. Göreceksiniz ki hayatınız da birçok insan var.

Eyleme geçin.

AŞKTA MUTLU OLMAK İÇİN TÜM TOHUMLARINIZI KENDİ BAHÇENİZE EKİN!

UNUTMAYIN: EĞER YETERİNCE SEVEBİLİRSENİZ, DÜNYANIN EN GÜÇLÜ İNSANI OLURSUNUZ...

Sevginin karşısında hiçbir duygu duramaz. Vibrasyonu en güçlü duygu aşktır. Âşık olduğunuz söylemekte hiçbir sakınca duymayın. Neşeli olun. Neşeli insanların çevresinde hayat pervane olur. Özsaygınız artar ve savaşmaya bile ihtiyacınız olmaz. Gülen bir insanın karşısında hayat secde eder...

Aşk acısı çekiyorsanız. Bu acıyı nasıl dindiririz?

İnancınıza sahip çıkın.

Tasavvufta bir söz vardır; Eğer herhangi bir şeyi hayatınızın odağına koyarsanız, onun yokluğu sizi derinden sarsar. Onun için hiçbir zaman hayatınızın merkezine kendinizden başka bir şey oturtmayacaksınız.

Tamam, oturttunuz ve acı çekiyorsunuz. Bir kere orada Şunu düşünmek gerekiyor. "Ben Allah'ı çok seviyorum. Yaradan'ın yarattıklarını da çok seviyorum." Çünkü yaradan yarattıklarını, hiçbir kulunu cezalandırsın diye göndermez. "Eksik olanı öğrensin, olgunlaşsın" diye gönderir. Ve "Ben değerliyim. Ben kendimle bütünüm" diyerek o acıyı sevgiye dönüştürün. Ve teşekkür edin acı çekmeyi de bilebildikleri için, o hissi hissedebildikleri için.

Ve tam burada Halil Cibran'dan Haz ve Isdırap'ı okuyun.

Hazzınız, ıstırabınızın maskesiz halidir.

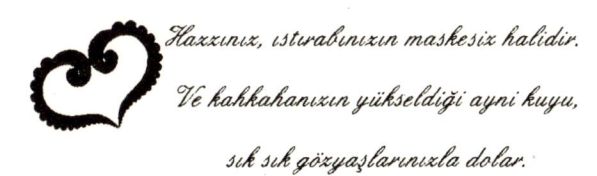

Ve kahkahanızın yükseldiği ayni kuyu,

sık sık gözyaşlarınızla dolar.

Başka türlü olabilmesi mümkün müdür?

Istırabın içinize kazıdığı alan ne kadar

derin olursa, o denli çok hazzı içerebilir.

Ve şarabınızı taşıyanla, çömlekçinin fırınında

yanan ayni kadeh değil midir?

Ve sesi ruhunuzu okşayan lavta, daha önce

bıçaklarla oyulan tahtayla bir değil midir?

Kendinizi neşeli hissettiğinizde

kalbinizin derinliklerine inin.

Fark edeceksiniz ki, size bu sevinci veren,

daha önce üzülmenize neden olmuştu.

Üzgün olduğunuzda, tekrar kalbinize dönün.

Göreceksiniz ki, daha önce sevinciniz olan

bir şey için ağlıyorsunuz.

Bazılarınız, Haz, ıstıraptan daha anlamlıdır' der;

diğerleri ise, Hayır, ıstırap daha anlamlıdır'.

Bense, ikisi birbirinden ayrılamaz, diyorum.

Onlar beraber gelirler.
Ve siz, bir tanesiyle masanızda otururken,
unutmayın ki, diğeri de yatağınızda uyuyordur.
Gerçekte siz, hazzınızla ıstırabınız
arasında bir terazi konumundasınız.
Sadece boş olduğunuzda, hareketsiz
ve dengede kalabilirsiniz.

Bir hazine avcısı, altın ve gümüğünü tartmak için
sizi kullandığında, haz ve ıstırap kefeleriniz,
ister istemez, yükselip alçalacaktır.'

Halil Cibran

Aşk duygusunu bilemeyen, üzülme duygusuna da izin vermeyen birçok insan varken "Ben üzülme duygusuna sahibim" diye şükür edin. Anın duygularını yaşayın. Üzüntülerimizden kaçmaya gerek yok. O da bize sinyal veren bir duygu. Üzüleceksen ağla, zırla, tepin dövün ama affet, bağışla. Sakın içinde tutma. O acıyı kimseyle paylaşmamazlık yapma. "İnsanlar, anlatırsam ne söyler, ne düşünür?" diye sorma kendine... Abartmamak kaydıyla... Paylaşmak istiyorsan paylaş. Ama öfke sözlerini katma dağarcığına ve içerme. Geçmişe, kişiye nefret, kin gönderme. Bana ne öğretti diye bak.

Eski sevgilinin, eski kocanın, örneğin ayrılmış, boşanmış ailelerin eşyaları parçalanır, başka insanlar alır, eskicilere satılır. Onların evlerine aynı karma, aynı enerji gider. Eğer mecbur kalıp aldıysa, özel bir enerji çalışması yaparak ya o eşyaları çalışıp temizleyen. Gül ya da limon yaşıyla...

Enerji çalışın, dua edin. Onların enerjisini sevgiyle özgür bırakın. Dağılmış evliliklerin, bitmiş yuvaların halılarını, havlularını asla almayın. O enerjiyi çekmemek, o karmaya girmemek için bu önemlidir.

Yeni aşkların
eski tecrübelerle
kesinlikle hiçbir ilgisi yoktur.
Aşk her seferinde yepyenidir.

Paulo Coelho

AŞK KUANTUMU 22. MADDE:
'AŞK'I KENDİNE ÇEKMEK

Artık olumsuz duygularla nasıl yüzleşeceğimizi öğrendik. Şimdi gelelim nasıl ilişkiler yaşadığımızı anlamaya... Öncelikle bilelim. Her aşk yeni bir başlangıçtır ve yeni aşkımızı öncekilerle kıyaslamalıyız. Her yeni aşk yeni bir başlangıçtır.

Ancak tecrübelerimiz de bizi biz yapar. O zaman düşünmek zamanı!!! Yaşadığınız ve biten aşklarınızın ortak yanı ne?

Bu soruyu, düşünce sistematiğimizi sorgulamak adına soruyorum. Kaç kere kendimize işte bu doğru insan dedik ve hayal kırıklığına uğradık?

Neden hayal kırıklığına uğradık? Tek bir cevabı var. Hayatımızın direksiyonuna sahip çıkamadığımız için.

Bu varlık, kendimizin yönetiğini hak ediyor.

İlişkilere ne isim veriyorsanız, onu yaşarsınız. Yorucu olduğunu düşünüyorsanız, yorucu, heyecanlı olduğunu düşünüyorsanız heyecanlı yaşarsınız. Neye odaklanırsak onu çağırırız çünkü.

İnsanları hayatımıza düşünce enerjimiz çekiyorsa, o zaman niye iyi düşünmeyeceksiniz ki? Hayalinizdeki muhteşem ilişkiyi çekin hayatınıza, hâlâ niye negatifsiniz?

Çıkın artık bu modan, gerçek aşkınızı detaylandırın. Mesela siz tenis oynamayı seviyorsunuz, hadi gerçek aşkınızla tenis oynadığınızı düşünün. Sevdiklerinizin, paylaşmak istediklerinizin listesini hazine haritanıza ekleyin.

GERÇEK AŞKIMI İSTİYORUM

Özellikleri   Resmi   Nerde Tanışıyorsunuz ?   Ne Hissediyorsunuz?

Anlayışlı	Sarı saçlı	Arkadaş toplantısında	Beni özel hissettiriyor
Yakışıklı	Mavi gözlü	İş yerinde	Şefkatini seviyorum
Sabırlı	uzun saçlı	Restoranda	Muhteşem bir aşk
Sevecen	....	Tatilde	Beni mutlu ediyor
Neşeli			Ayaklarımı yerden kesiyor
Sadık			
Âşık			

Yaşadıklarım, yaşayacaklarım...

Birlikte yapmaktan zevk alacağınız aktiviteler

Tenis oynamak

Sinema

Dünyayı gezmek vs....

Sevgilim beni aramıyor, neden aramıyor, diye düşünmeye başladığınız anda negatif düşüncelerinizle enerjinizi kısıtlarsınız. Taa ki siz rahatladığınızda bu düşünceyi kafanızdan çıkardığınızda aranırsınız. Çünkü unuttuğunuz durumda enerjinizi kısıtlamazsınız. Evren yasası hep böyle işler. Bir şey isteyin ve unutun. Üstüne gitmeyin. Tıpkı bir restoranda garsona yemek siparişi verir gibi siparişinizi verin ve gerisini bırakın. İçeride aşçının sizin yemeğinizi yapıp yapmadığını merak etmezsiniz. Evrene verin siparişinizi...

Ya aldatılırsam, beni terk ederse, başka kadın, başka erkek sevgilimi elimden alırsa vs... korkularınız bilinçaltınızı sabote eder. Bilinçaltınız da hayalinizin gerçekleşmesine sırf bu nedenle yaydığı olumsuz vibrasyon ile engel teşkil eder. Oysa bu duygulardan kurtulduğunuz an çekim yasası hemen harekete geçer.

> **Rahat olun, bırakın evren arzularınızı desteklesin...**

Hayatınızdaki her kişi sizin mıknatıs gücünüzle hayatınızdadır. Dolayısıyla yanınızdaki kişileri eleştirmeyin. Hepsi sizin benzerinizdir.

Bilinç seviyeniz denktir.

Kendinizi iyi hissettiğinizde, evren'den istediklerimizle aynı frekansa geçersiniz.

Neşeyle "şu an gerçek aşkımı hayatıma çekiyorum." Deyin göreceksiniz kapınız hemen çalınacak...

Evrene arzunuzu söyleyin, hem de hemen şu an...

Gözlerinizi kapatın ve kendinizi onunla düşleyin.

Hislendirin nasıl bir duygu bu?

Sizin elinizi tuttuğunu ve bir ormanda yürüdüğünüzü hayal edin... O muazzam günü hayal edin ve hissedin.

Yürek sesinizi dinleyin. Evren size onu hissettirecektir.

Kendinizi ve bedeninizi sevin.

İyi hissedin ve mutluluk enerjisini kendinize çekin.

Beklediğiniz zaman gelmemesi değildir. Sabırlı olun!

Aşk içinde yaşamak için olumlu olun ve umut içinde yaşayın.

Tanrının bu evrendeki varlığını ve yarattığı tüm güzellikleri görün. Gerçeği keşfedin.

Düşüncelerimizin kaderimizi nasıl etkilediğini farkedin ve evrenin sırrını keşfedin.

İnançlı, coşkulu ve sevgi dolu olun.

Yaşamlarımızı biz yaratıyoruz ve neysek o'yuz... kendinizi yargılamaktan vazgeçin.

Tanrı taşıyamayacağımız yükü, çözemeyeceğimiz problemi bize vermez...

İçinde bulunduğunuz olumsuz ruh durumunu değiştirdiğinizde, isteklerinizin daha rahat gerçekleşeceğinden emin olun. Derin bir nefes alın ve probleme takılıp kalmaktansa önce sizi neşelendiren şeylere odaklanın. Bir süre sonra probleminizin de kendiliğinden çözüldüğünü göreceksiniz. Odaklandığınız konuları olumlu yönde değiştirirseniz, aşkın anahtarını kendi yaşamınıza katarsınız...

Hayatta başarısızlık diye birşey yoktur.

Başarı doğru düşünmenin, tecrübe kötü düşünmenin sonucudur...

207

Sizi toparlayıp yükselten her duygu temizdir;
yalnız bir yanınızı yakalayıp sizi çarpıtan
duygu ise kirlidir.

R. M. Rilke

AŞK KUANTUMU 23. MADDE:
'AŞK' A HAYATIMIZDA YER HAZIRLAMAK.

Aşka hazırlık yapmak için yola karma, bilinçaltı temizliğinden başladık. Düşüncelerimizi ve duygularımızı hayatımızın enerji akışına engel teşkil etmeyecek bir şekilde olumluya çevirdik. Korkularımızdan kurtulduk, kendimizi sevdik ve net hedefimizi belirledik. Hayal kurduk, canlandırdık, hislendirdik. Ruhumuzla birlikte bedenimizin temizliğine de önem verdik. İnançlarımızı güçlendirdik. Hayalgücümüzü arttırarak vizyonumuzu genişlettik. Peki ya içinde bulunduğumuz, yaşadığımız, çalıştığımız mekânın temizliği?

Hayatımıza yepyeni bir sayfa açmak ve gerçek aşkımızı da bizimle birlikte o sayfanın tam ortasına koymak için içinde bulunduğumuz mekânın temizlenmesi arttır.

Mekân enerjisi, düşünce enerjisi ve yaşam enerjisi birbiriyle bağlantılı bir zincirdir.

Bu bakımdan eski sevgiliye, eşe ait eşyaları, mekânınızda bulunan kurumuş çiçekleri, size acı veren, kötü hatırata sahip objeleri hemen kaldırıp çöpe atın. Değerleri ne olursa olsun, sizin hayatınızın mutluluğundan önemli değildir onlar. Çekmecelerinizi temizleyin, atılacakları atın, kendinize içinde enerji akımının bol olacağı bir ortam yaratın. Bu iş yerinizde de böyle, arabanızda da, özellikle de evinizde...

Aynı şekilde size negatif enerji veren ortamlarda da bulunmayın.

Tıpkı bahçenize bir tohum ekmeden önce, toprağı çapalayıp, havalandırıp, özenle tohumu toprağa gömüp, üzerine de hayat suyu vermek gibi, mekânlarınızı da havalandırın ve suyla temizleyin. Tohumunuzun yeşermesine olanak sağlayın.

Yatak odasında, eğer evliysek yatağımızı gören bir ayna olmamalı. Bu, araya 3. şahsı çeker. Dışarıdan başkasının enerjisini çeker. Aldatılma enerjisi getirir. Yalnızsak ve aşk istiyorsak bir birlikteliğe sahipmi? gibi bir oda yapalım kendimize. Mutlaka ve mutlaka bu odada, güzel sohbetler olması için mavi bir halı, mavi bir yastık, pembe bir yatak örtüsü kullanalım. Pembenin, mavinin ve kırmızının yatak odasında bulunması lazım. Mavi boğaz çakrasını harekete geçirir ve keyifli sohbetlere imkân açar. Yatak odamızda kırmızı olmalı ki, ateşli geceler hiç bitmesin. Pembe ve yeşil olmalı ki, odamız sevgi enerjisi dolsun ve beyaz da olmalı ki huzur olsun. Bunu taşlarla da yapabiliriz, ben öyle yapıyorum. Örneğin aynalı küçük sehpalarım var. Pembe kristal, mavi kristal, aşk enerjisini onlara yüklüyorum. Yatak odasında mutlaka pembe kuvarsla, ametist olmalı ki, tutku, aşk, mutluluk, huzur ve dinginlik olsun. O taşları bir komodinin üzerine koyabilirsiniz. Ve o taşlar her gün ya da aklınıza geldikçe soğuk suyla yıkanmalı. Akşam ya da sabah fark etmez.

Her duyguyu biz yaratır, sonra da çekeriz. Yeter ki izin verelim. Çalışalım kendimiz için. Emek harcayalım hayatımız için. Benim hayatımda en baştaki kuralım; "Hayat bir armağan bize. Önemli olan o armağanı en iyi şekilde yaşayabilmek."

Evinizden memnun değilseniz, eve her girdiğinizde mutsuz oluyorsanız, hemen değiştirin o evi. Nasıl değiştireyim demeyin. Siz önce isteyin, hedefiniz olsun, evren bolluğu da bereketi de size taşır.

Kendinize öyle bir mekân hazırlayın ki, ailenizle yaşıyorsanız sadece kendi odanızı bile hazırlamanız sevgiliye yer açar. Mesela düşünün aşkınız sizin evinize ya da odanıza giriyor. Onu nasıl bir yerde karşılamak istiyorsunuz? Kendinize karşınızdakini deli gibi âşık etmek için hangi kokuyu kullanmayı tercih edersiniz. Alın o kokuyu ve koyun evinize. Mis gibi koksun. Unutmayın koku, görüntü, ses, temas, müzik karşınızdakini etkileyecektir.

Yaşadığımız mekânlar sadece dört duvardan oluşmaz. Evlerimiz en derin duygularımızı ve yaşamı değerlerimizi gösteren özelimizdir. Her evin bir enerjisi vardır. Bir mekâna girdiğinizde ilk hissettiğiniz duygu o enerjidir. O enerjiyi gözünüzle göremezsiniz ama hissedersiniz.

İnsanların kavga ettiği mekânlara girdiğinizde bir gerginlik hissetmez misiniz? Bir süre sonra o duyguyu algılamamaya başlasanız bile oradaki rahatınız o enerjiye bağlıdır.

Bırakın aşkı sadece kendi huzurunuz ve mutluluğunuz için bile evinizdeki titreşimler mutlak önem arz eder. Yeni bir eve taşındınız diyelim, eski evden getirdiğiniz ve sizi mutsuz eden objeler yine o evinizin enerji akımını etkiler.

Eğer yalnız yaşıyorsanız, yatak odanızda gerçek aşkınıza ait olmasını istediğiniz bölümdeki komodinin çekmecelerini boş bırakın ki ona yer açılsın. Kapınızın önünü çok çekici bir paspas koyun. Yine girişte yemyeşil bir çiçek koyun, tercihen pembe çiçekleri de olsun.

Tütsüler yakın evinizde... Tütsünün dumanını tüm odalarınızda daireler çizerek dolaştırın. Bitki çayları demleyin. Kokusunu içinize çekin. Mekânınız bitkilerin enerjisini yaysın. Kristaller koyun odalarınıza. Kristalin güneşle buluştuğu yerde yaydığı yedi renk evinizin enerjisini arttırsın, kirli enerjisini emsin.

Nazardan korunmak için aktarlarda satılan "yedi dükkân süpründüsü" nü yakın.

Mekânı arındırmanın doğru ya da yanlış tekniği yoktur. İnançlarınızı uygulayın. İsterseniz her gün bir odada namaz kılın ya da dua edin. İçinizdeki öfkeyi bitirin ki mekânınız huzur dolsun. Dört bin yıllık bir gelenek olan Feng Shui öğretisini sokun evinizin içine. Evinizde daha yüksek ve pozitif bir enerji akışı yaratmak için bu öğretiyi, düşüncelerinizle besleyin. Feng Shui öğretisini, mekânınızın her yerini hayatınızdaki deneyimlerin belirli bir yönüyle uyumluluk göstermesi için kullanın.

Mekânınızı Chi enerjisiyle doldurun...

Evinize girdiğinizde sağ köşe evinizin "Evlilik ve ilişki" köşesidir. Yatak odanıza girdiğinizdeki sağ köşe de yine odanızın "evlilik ve ilişki" köşesidir. Aşk köşenizdir.

Hadi gelin yatak odanıza Feng Shui aksesuarları koyalım...

Odanızın sağ köşesine bir komodin ya da bir sehpa koyun. Bu sehpanın üzerine pembe kristaller, kalp şeklinde bir obje, sizi çok güzel gösteren bir resminiz, hayallerinizin erkeğinin ya da kadının resmi (benzemesini istediğiniz beğendiğiniz bir artistin resmi de olabilir? Burada aman dikkat çapkınlığı ile ünlü birinin resmini koymayın), bu köşedeki perdeye kırmızı veya pembe bir kurdele, ya da perde ipi vs..., pembe kokulu bir mum, solmadan değiştirilecek kırmızı veya pembe bir gül ya da orkide ve bir çan koyun... Her gün çanı bir kere çalarak evrenden sevgilinizi çağırın. Yatak odanızın güney köşesine asacağınız romantik ve mutlu duygu veren bir tablo da işinizi kolaylaştıracaktır. Odanızda muhakkak parlak yeşil yaprakları olan bir bitkiye de yer verin. Çarşaflarınız pembe veya beyaz olsun. Pijama ve geceliğiniz de beyaz ya da pembe olsun. Ya da ateşli geceler için kırmızı... Yalnızsanız çok kırmızı tercih etmeyin zira sizi uykusuz bırakma riski vardır! Yatak odanız besleyici ve uyarıcı enerjilerin akışını yansıtan bir yerdir. Yatak odanız davetkâr ve rahatlatıcı bir yer olduğu kadar aynı zamanda heyecan verici ve sakinleştirici bir yer de olmalıdır, unutmayın.

Yatak odanıza televizyon koymayın, koyarsanız da bir dolabın içine saklayın. Başka frekanslar odanızın enerjisini etkilemesin.

Odanızda çalışma masası olmasın. Aynı şekilde egzersiz aletleri de...

Çocuklarınızın resmini asla duvarınıza asmayın. Zira kimse sevişirken çocuğunun görüntüsü ile karşılaşmak istemez.

Yukarıda da yazdığım gibi asla ayna yatağınıza bakmamalı.

Yatağınızın altına koyacağınız her kutu, obje vs... odanızın enerji akımını kesecektir.

Pencerelerinizi sık sık açarak, odanızın havalanmasına özen gösterin.

Bir de sizin sevdiğiniz, uğurlu bulduğunuz objeleri de odanıza özenle koyun. Onları yerleştirirken de objelere sevgiyle enerji yükleyin.

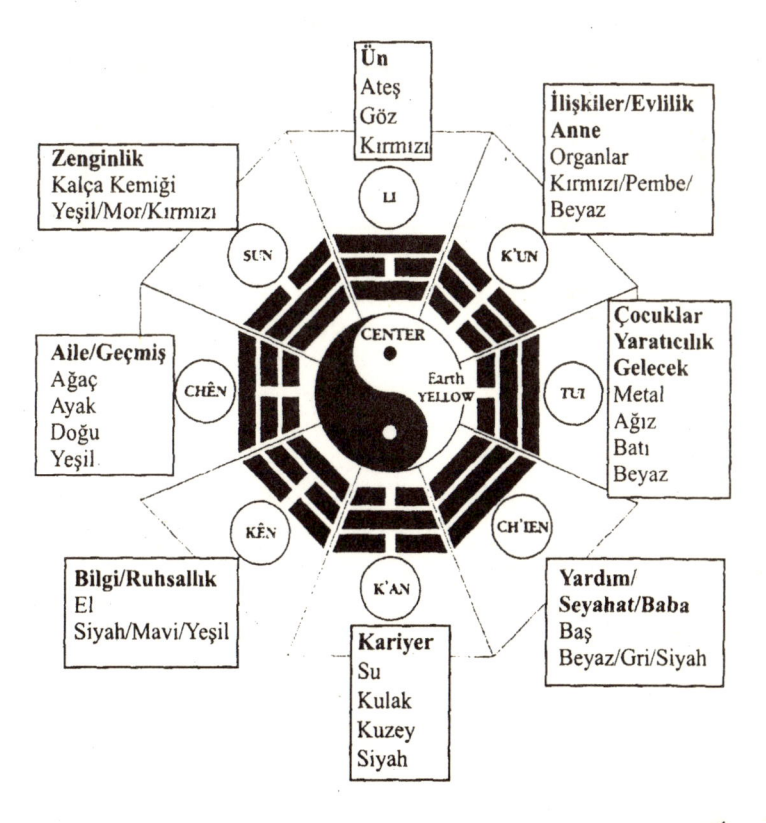

Ün
Ateş
Göz
Kırmızı

İlişkiler/Evlilik
Anne
Organlar
Kırmızı/Pembe/Beyaz

Zenginlik
Kalça Kemiği
Yeşil/Mor/Kırmızı

Aile/Geçmiş
Ağaç
Ayak
Doğu
Yeşil

Çocuklar
Yaratıcılık
Gelecek
Metal
Ağız
Batı
Beyaz

Bilgi/Ruhsallık
El
Siyah/Mavi/Yeşil

Kariyer
Su
Kulak
Kuzey
Siyah

Yardım/
Seyahat/Baba
Baş
Beyaz/Gri/Siyah

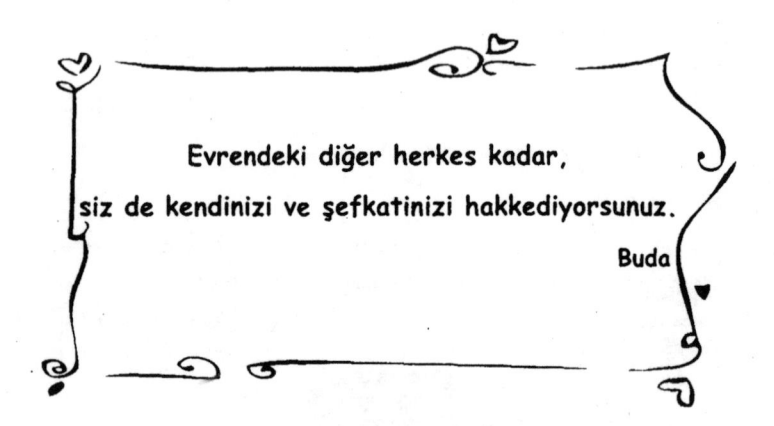

> Evrendeki diğer herkes kadar,
> siz de kendinizi ve şefkatinizi hakkediyorsunuz.
>
> Buda

AŞK KUANTUMU 24. MADDE:

VÜCDUNUZDAKİ ENERJİ MERKEZLERİNİ YANİ ÇAKRALARINIZI AÇIN, DENGELEYİN VE ENERJİ AKIŞINIZI MÜKEMMELLEŞTİRİN...

Aşkın çekim gücünde çakraların düzenli çalışması ve dengede olması çok önemlidir. Zira sağlıksız bir zihin ve beden, sağlıklı bir aşkı çağıramaz. Biz aşkı aramıyoruz, biz "gerçek aşk"ı arıyoruz. İlahi olanı... İlahi aşkı çağırmamız için de sağlıklı olmalıyız.

Vücudumuzun dengede olması, enerji akımının doğru akması bizi ruhsal ve bedensel anlamda sağlıklı yapar. Ve sağlıksız enerji akımına sahip bir insan ne sağlıklı olabilir, ne de ruhsal anlamda başarılı olabilir. Ruhsal anlamda sağlıklı olmayan bir insan da aşkı kendine çekemez, çekse bile ilişkiyi sürdüremez. Çakralar bizim salgı bezlerimizdir. İnsanlarda 7 adet merkezi çakra bulunur. Bağışıklık sistemimizi koruyan en önemli salgı bezimiz Timüs bezimiz ise 12 adet olmak üzere avuç içlerimizde ve ayak tabanlarımızda bulunur.

Geleneksel doğu tıbbına göre insanın yedi bedeni vardır. Ama ben burada size fiziki bedenimiz ve bedenimizin çevresini saran bir enerji alanı olan 'Aura' ile çevrili olan enerjesik bedenimizden bahsedeceğim. Zira bu ikisini birbirinden ayırmak mümkün değildir.

Çakralar vücudumuzun işleyişi üzerinde büyük rolü olan salgı ve hormon bezlerimiz üzerinde bulunurlar. Bunlardan bazıları adrenalin, ensülin, östrojen ve progesterondur.

Çakraların düzenli çalışması ve birbirleriyle dengeli olması çok önemlidir. Her çakranın titreşimi farklıdır. Aynı zamanda simgeledikleri organlar, fiziksel ve duygusal karşılıkları da vardır. Çakraların dişil ve eril dönüşümleri vardır. 1. çakramız yani kök çakra en yavaş dönen çakra olmasına rağmen 7. çakramız olan tepe çakramız (taç çakra) en hızlı dönendir. Her çakranın rengi, notası, mantrası vardır. Çakra renkleri gök kuşağının renkleri sırasında dizilir.

Enerji blokajları, çakraların dengesiz çalışmasına neden olur. Bu nedenle kişi kendini yorgun, depresif, sinirli hissedebilir, zihinsel ve bedensel problemleri olabilir.

Aşk enerjisini çekebilmek için çakralarımızın doğru çalışması çok önemlidir. Çakraların dönüş hızı farklı olduğundan bu hızlarda gelişebilecek bir problem ile psikolojik ve bedensel rahatsızlıklar hayatımızı etkiler. Bu etkiler de bizim hem aşk hem de tüm hayatımızı etkiler...

Şimdi çakraları tek tek inceleyelim.

1.Çakra; Muladhara Çakra (Kök Çakra) Cinsel organla anüs arasındadır. Rengi kırmızıdır. Dünyevi olanı simgeler. İlk çakra olduğu için bir ila sekiz yaşlarımız arasında gelişir. Kök çakra fiziksel dünyayı ve ona duyduğumuz ihtiyaçlarla bağlantılıdır. Bu yüzden yerçekimiyle yakinen ilgisi vardır. Kök çakra bizi maddesel özümüze doğru çeken bir güce sahiptir. Hayatta kalabilmemiz ve devam ettirebilmemiz için gerekli enerjiyi sağlar. Blokaj durumunda korku, güvensizlik, tedirginlik yaşanır. İskelet yapısı, kemikler ve omurgayla bağlantılıdır. Vücut sıvılarımızdaki tuz dengesinden ve vücut metabolizmasını dengeleyen proteinler, yağlar ve karbonhidratları etkileyen hormonları salgılayan bölgeyle, böbrekler ve böbreküstü bezleriyle bağlantılıdır. Eski zamanlardan bu yana, hayatta kalma içgüdümüzün kaynağı olan kaçma, saldırma dürtülerini salgılayan adrenalinin salgılandığı bezler de kök çakrayla bağlantılıdır. Yetersiz çalışması ağrılara sebep olur ilgili organlarda aktivite kaybı olur. Bu çakra varoluşumuzun temelini teşkil eder. Fiziğe ve yerküreye bağlar. Fiziksel faaliyetlerimiz bu çakranın nasıl çalıştığına bağlıdır.

Yorgun isteksiz ve bitkin olmamız bu çakranın çalışmamasından kaynaklanır ya da enerji çekimi ile meşguldür. Bu çakra ile ilgili günlük meditasyonlar ve şifalandırmalar yapmak gerekir. Kök çakra salışımızı canlılığımızı kazanmamızı sağlayan merkezimizdir.

Bu çakra aynı zamanda geçmiş hayatlarımızın da kilitlerini açarak bize gizli kalmış yeteneklerimizi ve bilgeliğimizi geri kazandırır. Ayrıca bu hayatımızı gölgeleyen geçmiş hayatların olumsuz motiflerini ve acılarını silmemizi sağlar. Bu çakrayı iyileştirdiğimizde ve pozitif şifa enerjisi ile çalışmasını sağladığımızda geçmişi şifalandırır daha canlı ve dinamik oluruz. Sevgi enerjisi kalp çakrası bölgesinden tüm bedene akar ve aura vasıtasıyla dışarıya yayılır.

Başkalarının bize nasıl davranacağı ve bizi nasıl algılayacağı auralarımız yoluyla yaydığımız enerjiye bağlıdır. Sevgi enerjisi, hastalıkları iyileştiren içimizdeki korku ve duygusal stresleri yok eden bir enerjidir.

Kök çakranın düzensiz çalışması fiziksel seviyede sırt ve bacak ağrılarına, aşırı kilo veya aşırı zayıflığa, kansızlığa ve kemik erimesine sebep olur. Bu problemler duygusal yüklerimizin sırt omurga ve bacaklarda ağrılar şeklinde ortaya çıkması demektir. Bu çakranın dengelenmesi için gıda olarak protein alımına özen gösterilmelidir.

Kök Çakranın Dengelenmesi:

Rengi: Kırmızı

Aroması: Sedir ağacı, patçuli, myrrh ve karanfil

Taşı: Kedigözü, yakut, kırmızı mercan, akik, hematit ve kantaşı

Mantrası: LAM

Notası: Do

Etkilediği Burç: Oğlak

Etkin gezegeni ve elementi: Satürn ve toprak

Bağlantılı Duyu: Koku alma

Uyumlu hali: 30 saniyede 4 vuruş

Uyumsuz Hali: 30 saniyede 4'ten fazla vuruş

Yetersiz Hali: 30 saniyede 4'ten az vuruş.

Uygun Müzik: Ritmik melodiler, davul ve perküsyonlu enstrümantal müzik.

2. Çakra; Svadisthana (Göbek, sakral çakra) Göbek deliğimizin iki parmak üstünde yer alır. Duygularımızı ve cinselliğimizi bu çakra kontrol eder. Fiziksel seviyede bağırsaklar, mesane, dalak, rahim ve seks organlarını kontrol eder. Fizik seviyede yaratıcılığın merkezidir. Pozitif çalıştığında, kendimizi iyi hissederiz. Bu çakra canlı ve dengeli ise duygularımız dengeli ve başkalarıyla ilişkilerimiz olumlu olur. Gerçek duygularımızı korkusuz ve abartısız ifade edebiliriz. Düzgün çalıştığında açık, etkileyici, yaratıcı ve akıcı oluruz. Yeterince çalışmıyorsa kendine güvensiz, çirkin ve değersiz hissederiz. Seksüel gücü zayıf, karşı cinsle ve hemcinsleriyle iletişim kurmakta güçlük çekeriz. Bu kişiler zevkleri inkâr eder ve kendilerini bundan mahrum ederler. Aşırı ya da yetersiz çalışması durumunda, cinsellikte saplantılı davranışlar, hatta sapkınlığa varan eğilimlere ya da tersi frijidite yani sekse karşı ilgisizlik ve soğukluk görülebilir. Göbek çakrası sekiz ila on dört yaşlar arasında gelişir. Dolayısıyla gelişim çağında ikinci çakra dengesizliği yaşanır. Eğer bu dönemde takılıp kalırsa kişi hayata hüzünle bakan ve özgüven eksikliğine sahip olabilir. Göbek çakrası üreme hormonu bezleriyle bağlantılı olduğu için vücut tüyleri ve ses rengini de etkiler. Çocukluk döneminde aile ve çevreden gelen anlayış çerçevesinde duygular ifade edilir ya da bastırılır. Duyguların özgür ve rahat akmaması durumunda göbek çakrasında dengesizlikle başlar. Blokaj durumunda duygusal olarak kişi kendini patlamaya hazır hisseder, diğer kişilere karışan, kontrolü bırakmak istemeyen, otoriter ve manipülatör bir kişilik ortaya çıkabilir. Duygusal iniş çıkışlar ve dengesizlik hali ortaya çıkar. İzolasyon isteği gelebilir. Fiziki rahatsızlıklar kalın bağırsak sorunları, mesane taşları, sırt ağrıları, kadınlarda üreme organları, rahim ve yumurtalık hastalıkları, kas spazmları, kabızlıktır. Bu çakranın dengelenmesinde sıvı alımı önemlidir. Dengeli haldeyken kişi neşeli, dışa dönük, kendine saygılı, etkileyicidir.

Göbek Çakrasının Dengelenmesi:

Rengi: Turuncu

Aroması: Yasemin, gül ve sandal

Taşı: Quartz, sarı sitrin ve aventurin

Mantrası: Vam

Notası: Re

Etkilediği gezegen ve elementi: Pluton ve su.

Etkilediği Burç: Akrep, terazi ve yengeç.

Bağlantılı duyu: Tat alma.

Uyumlu Hali: *30 saniyede saat yönü tersi 6 dönüş*

Uyumsuz hali: *30 saniyede saat yönü tersi veya saat yönü 6'dan fazla dönüş.*

Yetersiz Hali: *Saat yönü tersi 6'dan az dönüş.*

Uygun müzik: *Akıcı, ritmik ve kıvrak melodiler. örn. Halk müziği.*

3.Çakra: Manipura, Solar Pleksus (Güneş sinir ağı) diye tanımlanır. Göbek deliğimizle göğüs kafesimiz arasında yer alır. Solar plexususun Sanskritçe anlamı 'Şehvetli Taş' demektir. Titreşim rengi sarıdır. En temel özelliği güç ve iradedir. Bütünlüğe giden yolu birleştirir. Sosyal anlamda solar pesüs başkalarıyla olan iletişimimizi ifade eder. Değişim ve hareket bu çakrayla ilgilidir.

Aynı zamanda kişinin benliğini güçlendirmesinde yardımcı olan çakradır. Bu güç kontrol edilerek ya da agresif metotlarla elde edilen bir güç değildir.

Çakranın dengesizliği durumunda reddedilme korkusu, aşırı eleştirel tutum, kalabalıklar içinde bile yalnız hissetme yetenekleri bu çakradan gelir. Astral seyahat, psychic gelişme medyomik algılama bu merkezin tesirleri ile olur. Uyumsuz çalışmasında eleştiriye aşırı tepki verme, kontrol etme ihtiyacı, düşük benlik değeri, özgüven eksikliği.

Fiziksel rahatsızlık olarak kendini gösterdiği yerler; Sindirim problemleri, diyabet, sinir yorgunluğu, mide ülserleri, sindirim sorunları, alerjiler, şeker hastalığı, karaciğer, pankreas, ince bağırsak sorunları.

Uyumlu çalışması halinde neşeli, dışa dönük, kendine saygılı, etkileyici kişilik. Bu çakranın gelişimi on dört yirmi bir yaşları arasındadır. Bu çağda gençte kendine güven ve benlik değerinin geliştiği yaştır. Bu çakranın dengeleyici besini karbonhidratlardır.

Solar Pleksus'un Dengelenmesi:

Rengi: Sarı

Aroması: Ylang-ylang, vetiver, bergamot

Taşı: Sarı sitrin, aventurin, quartz, amber, topaz

Mantrası: RAM

Notası: Mi

Etkilediği Burç: Koç, Aslan

Etkin gezegeni ve elementi: Güneş, Mars ve ateş

Bağlantılı Duyu: Görme

Uyumlu hali: 30 saniyede saat yönünde 8 dönüş

Uyumsuz Hali: 30 saniyede saat yönünde 8'den fazla vuruş

Yetersiz Hali: 30 saniyede saat yönünde 8'den az vuruş.

Uygun Müzik: Ritmik enstrümantal müzik, ilahiler ve dualı müzikler.

4. Çakra: Anahata; Kalp Çakrası: Göğüslerin tam ortasında vücudun merkezindedir. Tüm çakraların da merkezindedir. En belirgin özelliği sevgi çakrasıdır. Kalp, sevgi, aşk bu çakranın etkilediği alanlardır. Bu çakra aynı zamanda maddesel olanla ruhani olan arasındaki köprü işlevini de üstlenir. Sanskritçe 'Anahata' iki cismin birbirine çarpmadan çıkarttıkları ses' anlamına gelir. Aslında bu kelime metaforik olarak pek çok şeyi ifade eder. Erkek ve dişi, dünyevi olanla ruhani olan gibi. şefkati, affetmeyi, koşulsuz sevgiyi ve kendini kabul etmeyi simgeler. Simgesi havadır. Aslında bu çakra bizi biraz zorlar çünkü doğamıza çok ters bir oluşum sergiler. Görünür dünyanın katı formlarından görünmez ve şeffaf olana bu çakra sayesinde geçiş yaparız. Timüs bezi bu çakranın etkilediği salgı sistemidir. Fizik bedenimizdeki etkilediği bölgeler kalp, göğüs, solunum yolları, akciğerler ve dolaşım sistemidir. Kalp çakrasının uyumsuz çalıştığı durumlarda vücudumuzda görülebilecek fiziki rahatsızlıklar; kısa ve sık nefesler, nefes alma güçlükleri, yüksek tansiyondur. Psikolojik açıdansa; bağımlılık, evham, endişe, alınganlık, melankoli, yalnızlık korkusu, duygusal bağlılıktan korkma ya da aldatılma korkusu yaşanabilir. Kalp çakrasının uyumlu çalıştığı durumlarda kişi: empati kurabilen, arkadaş canlısı, şefkatli, başkalarını desteklemeye hevesli ve herkesteki en iyiyi görme hasleti. Kalp çakrasını dengelemek için bol bol yeşil yapraklı sebze tüketmek faydalıdır. Kalp çakrasının gelişimi yirmi bir ala yirmi dört yaşlar arasındadır. Bu dönemde büyük aşklar yaşanması ya da kalp çakrasının simgesi olan 'evlilik' olayının sıkça gerçekleştirilmesi tesadüf olmasa gerek.

Kalp Çakrasının Dengelenmesi:

Rengi: Yeşil, Pembe, Altın

Aroması: Gül, bergamot, melisa, neroli

Kıymetli Taşı: Pembe Quartz, Kunzite, Kırmızı Turmalin, aytaşı, malahit ve yeşim.

Mantrası: YAM

Notası: Fa

Etkilediği Burç: Terazi ve boğa

Etkin gezegeni ve elementi: Venüs ve hava

Bağlantılı Duyu: Dokunma

Uyumlu hali: 30 saniyede saat yönünde 12 dönüş

Uyumsuz Hali: 30 saniyede saat yönünde 12'den fazla vuruş

Yetersiz Hali: 30 saniyede saat yönünde 12'den az vuruş.

Uygun Müzik: Klasik müzik

5. Çakra: Vishuddha, Boğaz çakrası: Beşinci çakra kendini mavi ile ifade eder. Boğazımızın üstünde köprücük kemiği ile gırtlak arasında yer alır. İletişimin çakrasıdır. İletişimden kastımız kişinin kendisi ve içinde yaşadığı tüm ortamla olan ilişkisi ve iletişimidir. İletişim, ses kendini ifade etme, konuşma ve yazma yeteneği bu çakranın etkilediği özelliklerdir. Boğaz çakrasının vereceği hayat dersi; kişisel ifade ve seçim yapabilme gücüdür. Boğaz çakrası yirmi sekiz ila otuz beş yaşları arasında gelişir. Bu noktada çevrenizde otuzlu yaşlarında kariyerlerinde radikal değişime giden ne kadar çok insan olduğuna dikkatinizi çekmek isterim. Etkisiyle değişimin ve transformasyonun mümkün olduğu çakra merkezidir. Uyumsuz çalıştığında kendini ifade etme sorunları yaşar kişi bunun sonucunda da öfkenin biriktirildiği bölge olabilir. Uzun süreli ses kısıklıkları, konuşurken ses çatallaşması, boğaz enfeksiyonları kendini ifade etmede yetersizliğin belirtileridir. Gene uyumsuz çalıştığında kişi yalancılığa ya da tam tersi aşırı ağzı sıkılığa meyilli olabilir. Boğaz çakrasının uyumsuz çalıştığı durumlarda; tüm durumlara engel olma isteği, çekingenlik, aşırı mükemmeliyetçilik, yaratıcılıkta kapalılık, utangaçlık, güçsüz hissetme veya düşüncelerini ifade edememe durumları ortaya çıkar. Boğaz çakrasının etkilediği fiziksel bölgeler ve hastalıklar: Ses telleri, akciğerler, yemek borusu, Ses sorunları çatallı ve kısık ses, Tiroit rahatsızlıkları, boyun ağrıları ve problemleri, astım krizleri, guatr, hipertiroid, deri döküntüleri, kulak enfeksiyonları, boğaz ağrısı, ileri durumlar da larenks (gırtlak) kanseri. Boğaz çakrasını uyumlu çalıştığı durumlarda: kuvvetli ilhamlara sahip sanatçılar, güzel sesli başarılı konuşmacılar, halkla ilişkiler ve reklamcılığa yatkınlık. Yazarlığa ve sunuculuğa uygun olurlar. Boğaz çakrasının etkilediği organlar; Boğaz, ağız bölgesi, boyun ve omuzlar, ense, dişler, kulaklar, tiroit salgı bezi. Boğaz çakrasını dengelemek için bol bol meyve tüketilmelidir. Mavi gökyüzü, sakin göl ya da durgun su manzaraları boğaz çakrasını dengelemek için faydalı doğa deneyimleridir.

Boğaz Çakrasının Dengelenmesi:

Rengi: Mavi

Aroması: Adaçayı, okaliptüs, papatya ve myrrh

Taşı: Lapis lazuli, turkuaz ve aqua marin

Mantrası: HAM

Notası: Sol

Etkilediği Burç: İkizler, başak

Etkin gezegeni ve elementi: Merkür ve eter

Bağlantılı Duyu: Ses- duyma

Uyumlu hali: 30 saniyede saat yönü tersine 16 dönüş

Uyumsuz Hali: 30 saniyede saat yönü tersine 16'dan fazla vuruş

Yetersiz Hali: 30 saniyede saat yönü tersine 16'dan az vuruş

Uygun Müzik: New age ve yankılı sesler

6. Çakra Ajna, 3.Göz Çakrası: İki gözün arasında kaşların ortasında yer alır. Üçüncü göz çakrası sezgiyi simgeler. Sanskritçe 'Ajna' bilmek demektir. Bu çakranın kuvvetli olduğu kişilerin yüzyıllardır medyum, fal ile uğraşması tesadüf olamasa gerek. Üçüncü göz çakrasının etkilediği sistem hipofizdir. (Hipofizin beynimizdeki işlevi iten ve dışarıdan aldığı tüm mesajları toplayarak yönetici hipotalamus'a göndermektir.) Dolayısıyla en alt çakranın etkilediği salgı sisteminden başlayarak yukarıya kadar gelen tüm mesajları hipofiz toplar ve gönderir. Üçüncü göz çakrasının uyumlu çalıştığı durumlarda kişi geçirgendir. Ne demektir geçirgen olmak; dışarıda meydan gelen olaylar veya durumlardan etkilenmeden merkezinde durabilmektir, aynı zamanda ortamlardaki tüm olumsuzlukları olumluya çevirebilme, her şeyin üstüne çıkıp dışarıdan bakabilme yetisi vardır. Kişi oluşun bilgisine sahiptir, sezgi yetenekleri sayesinde analiz yapabilir ve bundan şüphe etmez. Bu durumda kişi iradesinde tamdır. yani sezgilerine güvenerek geliştirdiği iç duygularıyla yıkılmaz bir kale gibi geçirgendir. Gözlerin görebildiğinin ötesini görür. Duygusal zekâsı çok kuvvetlidir. Telepatik yetenekleri çok gelişmiştir bu yüzden yükselmiş varlıklarla bağlantı kurabilir ve onlardan ruhsal yardım alabilir. Üçüncü göz çakrasının uyumlu çalışmadığı durumlarda; kâbuslar, öğrenme zorlukları ve halüsinasyonlar görülebilir, başarısızlık korkusu, hiçbir şeyden emin olamamak, her şeyin zıddına hareket etme dürtüsü. Üçüncü göz çakrasının etkilediği fiziksel organlar: Yüz, baş, sinir sistemi, hipofiz bezi, gözler, beyin ve beyincik. Rahatsızlıklar: Migren, şiddetli baş ağrıları, körlük ya da görme bozuklukları, sinirsel rahatsızlıklar. Psikolojik olarak etkilediği yerler, bağnazlık ya da aşırı tutuculuk, duygusallığa asla yer vermeyen katı mantıkçı tutum, yalnızlık duygusu. Yetersiz çalıştığında kişi; maddesel olana aşırı bağımlıdır, ruhsallığı reddeden aşırı akılcı yaklaşımlara gider. Süper egosu çok kuvvetlidir yani toplum kurallarına aşırı önem verir, unutkandır, duygusal rollerde zorlanır.(Örn: Baba, eş, sevgili, dost rolleri) Gelişim yaşı yoktur doğuştan ya da sonradan gelişir. Beslenme metodu yoktur. Yükselme ruhsal boyutta gerçekleşmeye başladıktan sonra kişinin maddesel besinlere çok fazla ihtiyacı kalmaz.

Üçüncü Göz Çakrasının Dengelenmesi:

Renk: İndigo mavi, Mor.

Aroması: Günlük, menekşe, yasemin

Taşı: Ametist, Florit, azurit, sodalit, Lapis Lazuli

Mantrası: KSAM (Dil dillere yaklaştırılarak ıslık gibi bir sesle KS harfleri çıkarılır)

Notası: La

Etkilediği Burç: Yay, Kova, Balık

Etkin gezegeni ve elementi: Neptün ve Jüpiter

Bağlantılı Duyu: Altıncı his

Uyumlu hali: 30 saniyede saat yönü 96 dönüş

Uyumsuz Hali: 30 saniyede saat yönü 96'dan fazla dönüş

Yetersiz Hali: 30 saniyede saat yönü 196dan az dönüş

Uygun Müzik: Ormanların uğultusu, kozmik sesler

7. Çakra: Sahasrara; Taç Çakra, Tepe Çakrası da denir. Başımızın tepesinde en orta noktada yer alır. Beyaz, altın ya da koyu mor renkle belirtilir. Diğer çakraların dengesiz ya da yetersiz çalışması durumu tepe çakra için geçerli değildir. İhtiyacımız olan hayat gücünün geldiğine inanılan bağlantı noktasıdır. Aura bedenlerini evrene ve ilahi olana bağlayan gümüş kordon taç çakradan çıkar. Benliğin ve bedenin çok ötesindedir. Ruhsallığı, her şeyle birlik olma duygusunu simgeler. Aynı zamanda yuva ve evi de simgeler. Hindu geleneğindeki çizimlerde 'sahasrara' yani bin yapraklı lotus, yapraklarını sonsuza doğru, kendi içinde sürekli açan bir lotus olarak resmedilir. Sanskritçe kelime karşılığı da Bin katlı demektir. İnanılan odur ki aydınlanmaya, kendi farkındalığına ya da bütünlüğe giden yolda, aşağıdan yukarıya kadar bize tek tek yardım eden çakralar birliğe tepe çakrada varırlar. Yani aslında tepe çakra bir nevi ruhsal merkezdir. Aydınlanma, kozmik bilince ulaşmaya ve erdemin akışına olanak sağlar. Fizik bedende etkilediği yerler beyin, kafatası, beyin zarı, cilt ve epifiz bezidir. Çakranın uyumlu olduğu durumlarda; Kişi bireysel egosunu bırakır ve evrensel egoyu kabullenerek her şeyle birlik olma duygusunu deneyimler. Bolluk ve sonsuz mutluluğun saf bilincinde yaşar. Kendini ruhsallığa açarak bilinçaltına tam hakimiyet kurar. Hayattaki mucizeleri deneyimler. Çakranın uyumsuz olduğu durumlarda kişi paranoyaya yakın ölüm korkusu, ruhsallığı inkâr etmeye ve kaçmaya eğilim gösterir, akıl ve mantıkla evrendeki her şeyi açıklamaya çalışarak psikolojiye sırtını dönebilir, aşırı egosantrik bir kişiliğe sahip olabilir, sorular içinde boğulur ve hiçbirine cevap bulamaz, manik depresif bir ruh halinde olabilir, cinselliğini ifade etmede sapkın davranışlar sergileyebilir, Yetersizse; birileri tarafından engellenme korkusu yaşar, sevinç, memnuniyet eksikliği, yıkıcı hisler, panik ve tükenmişlik duygusu, ait olamama hissi, depresyon ve migren görülür. Fiziksel olarak uyumsuz olma halinde çevre kirliliğine aşırı hassasiyet, kronik yorgunluk, Alzheimer, sara görülebilir. Bu çakranın etkilediği kişiler giderek toplumdan soyutlanır, yüksek ve ücra köşelere gitme ihtiyacı duyarlar. Dünyanın ruhsallıkta en kadim ve yükselmiş tüm uygarlıklarının (bkz. Tibet, Peru vs.) dağlık bölgeler yerleşmiş olması tesadüf olmasa gerek.

Taç Çakranın Dengelenmesi:

Rengi: Beyaz, altın, koyu mor

Taşı: Kuartz, elmas, opal, ametist.

Aroması: Günlük, lavanta, gül ağacı ve lotus çiçeği

Mantrası: AUM (dünyanın bilinen en eski en kuvvetli mantrasıdır, çok dikkatli kullanılması gerekir)

Notası: Si

Etkilediği Burç: Oğlak, Kova, balık

Etkin gezegeni ve elementi: Uranüs, düşünce ve kozmik enerji

Bağlantılı Duyu: Tüm duyuların ötesindedir

Uyumlu hali: 30 saniyede saat yönü 972 dönüş

Uyumsuz Hali: 30 saniyede saat yönü 972'den fazla dönüş

Yetersiz Hali: 30 saniyede saat yönü 972'den az dönüş.
Uygun müzik: Sessizlik ve derin vecih hali.

Yüreğinde ne düşünüyorsan,

O'sun...

Anonim

AŞK KUANTUMU 25. MADDE: AŞK KESESİ İLE AŞK'I ÇAĞIRMAK...

Hayallerimize giden yolda objeleri kodlamak önemlidir. Zira bize hedefimizi hatırlatır, vazgeçmemizi önler, inancımızı ve umudumuzu tazeler. Bu nedenle size dilek kartları hazırlamıştım ve bu dilek kartlarının yanına aşk ve bereket keseleri koymuştum. Sizin için hazırladığım bu ürünü edinememişseniz, hiç sorun yok. Kendinize kırmızı bir aşk kesesi hazırlayın. Ve keseyi aynen şu şekilde doldurun.

KIRMIZI: Kök çakrası rengi.

KESENİN İÇİNE KONACAKLAR:

Kırmızı bir gül yaprağı: Aşk, sevgi, cinsellik, yaşamsal sevgi, yaşamsal sevgi.

Pembe gül yaprağı: Güzellik

Anason: Mevcut ilişkiyi koruma altına almak için.(Bulabilirsek yıldız şeklinde olanlarından)

Lavanta: İyi ve keyifli sohbetler için.

Pul biber: Seksüel güçler için.

Maydanoz ya da nane: Evrensel akışın doğru sağlanması için.

Kekik: Yaşamda enerjiyi sindirmek ve dengede tutmak için.

Portakal kabuğu: Sosyal iletişimin güçlenmesi için..

Göztaşı: Nazardan korunma

Ametist veya minik bir pembe quartz taşı: Enerjinizin temizlenmesi için.

GÜN: Keseleri hazırlamak için "Güneş" günü olduğu için Pazar gününü ya da kendinizi mutlu hissettiğiniz herhangi bir günü seçebilirsiniz.

ÇAY: Sıcak bir fincan böğürtlen çayı veya kuşburnu için. Fincanın içine kırmızı gül yaprağı koyun eğer yoksa gül suyu veya gül yağıda damlatabilirsiniz.

MÜZİK: Bu uygulamayı yaparken size huzur veren bir resme bakabilir veya sevdiğiniz bir müziği dinleyebilirsiniz. Sessiz bir ortamda bulunmanız da yeterli olacaktır.

NİYET TUTMAK: Niyetinize odaklanın, hayalini kurun, imgeleyin veya resmedip konsantre olun. Bu keseyi hazırlarken negatif düşüncelerinizi de bir kâğıda yazıp yakın.

AŞK KESENİZİN DOLDURULMASI

Aşk, sevgi, cinsellik için kırmızı gül yaprağını kesenize yerleştirin. Güzellik ve çekicilik içinse bu dileklerinizle birlikte kesenize pembe gül yaprağı koyabilir, eğer yoksa gülsuyu veya gül yağı da damlatabilirsiniz. Mevcut ilişkinizi koruma altına almak için anasonunuzu yerleştirin. İyi ve keyifli sohbetlerinizi için kesenin içine lavantanızı koyun. Dilerseniz göztaşını da lavantayla birlikte ilave edebilirsiniz. Seksüel güçleriniz için pul biberinizden kesenize koyun. Evrensel enerjinin doğru akışı için maydanoz veya nane, yaşamsal ilişkiyi dengede tutmak ve sindirmek için kekiği kesenize koyun. Sosyal iletişiminizin gelişip sağlanması için portakal kabuğunu koyun.

Sağlık için de küçük bir kristal parçasını kesenize koyabilirsiniz. Kristal enerjinizin temizlenmesine yardım eder.

KIRMIZI KESENİN OLUMLAMASI:

- Ben Tanrıyı seviyorum. Tanrı'nın yarattığı her şeyi seviyorum.
- Ben güzelim, güzel olan her şeyi kendime çekiyorum.
- Koşulsuz sevgiye tüm yüreğimle inanıyorum.
- Ben kendimi çok seviyorum.
- Ben doğuştan kazananım.
- Sağlıklıyım, dengedeyim.
- Ben saf bir ruhum, sevgi enerjimi her an çevreme yayıyorum, saf sevgiyi de yaşamıma çekiyor ve bütünleşiyorum.

SON OLARAK

Aşkı hangi kelimelerle tanımladığınız, yönünüzü belirler. Şayet siz aşk duygusunu üzüntü, keder, sabırsızlık vs... gibi olumsuz duygular ile tanımlıyorsanız, öyle bir aşk yaşarsınız. Oysa aşk dünyanın en güçlü duygusudur.

Yüreğimizin sesi bizim kılavuzumuzdur. Bizi gerçek aşka, Tanrısal ışığa kavuşturur.

Hayatta ne varsa yıkık, dökük, harabe hale gelmiş bir kalpte vardır. Unutmayın hazineler ve defineler yıkıntılar arasında saklanır. Kalbin yıkık döküklüğü 'var' olduğunu gösterir. Temkinli insanların, sevgisizlerin, bencillerin kalpleri asla kırılmaz.

Âşık dilsiz olur... Devamlı aşk cümleleri duymayı beklemeyin. Kelimelere takmayın. Anlam ve mana peşinde olun.

Bu hayatta tek başına inzivada kalarak, sadece kendi sesinizin yankısını duyarak, hakikate ulaşamazsınız. Kendinizi ancak bir başka insanın aynasında tam olarak görebilirsiniz.

Ne hissedersen hisset, ne yaşarsan yaşa hiçbir zaman umudunu yitirme. Sana açılacak bir kapı muhakkak vardır. Ama kapının açılmasını bekleme, anahtarını bul ve o kapıyı sen aç. Çoğu zaman o anahtar âşıktadır.

Sabırlı ol. Aşkı bulmak için kendi içine doğru yol al... Gönlünde esen rüzgârlar doldursun yelkenini...

Bırak hayat sana "rağmen değil" seninle beraber aksın. "Düzenim bozulur, hayatımın altı üstüne gelir.." diye endişe etme. Yüreğinin sesini dinle...Nereden biliyorsun hayatın altının üstünden daha iyi olmayacağını?

Kendini sevmeyenin sevilmesi mümkün değildir. Sen kendini sevdin de evren sana diken mi yolladı. Sabırlı ol o diken gülün dikenidir... Yakında gülünü de gönderir.

Yürüdüğün yolda sona varmak için acele etme... Hayat bir yol hikâyesidir, son değil... Sen adımını at, gerisi kendinden gelir.

Geçmiş zihinlerimizi kaplayan bir sis bulutundan ibaret. Gelecek ise başlı başına bir hayal perdesi. Ne geleceğimizi bilebilir, ne geçmişimizi değiştirebiliriz. O zaman 'şimdiki an'ı yaşamalıyız.

Her an her nefeste hayatınızı yenilemelisiniz... Rutini kırmalısınız.

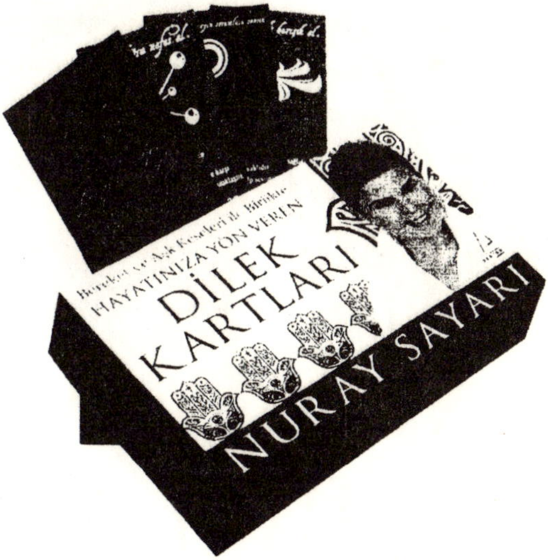
HAYATINIZA YÖN VERİN
DİLEK KARTLARI
NURAY SAYARI

NURAY SAYARI

ASTROLOJİ VE BURÇLAR 2011

DESTEK

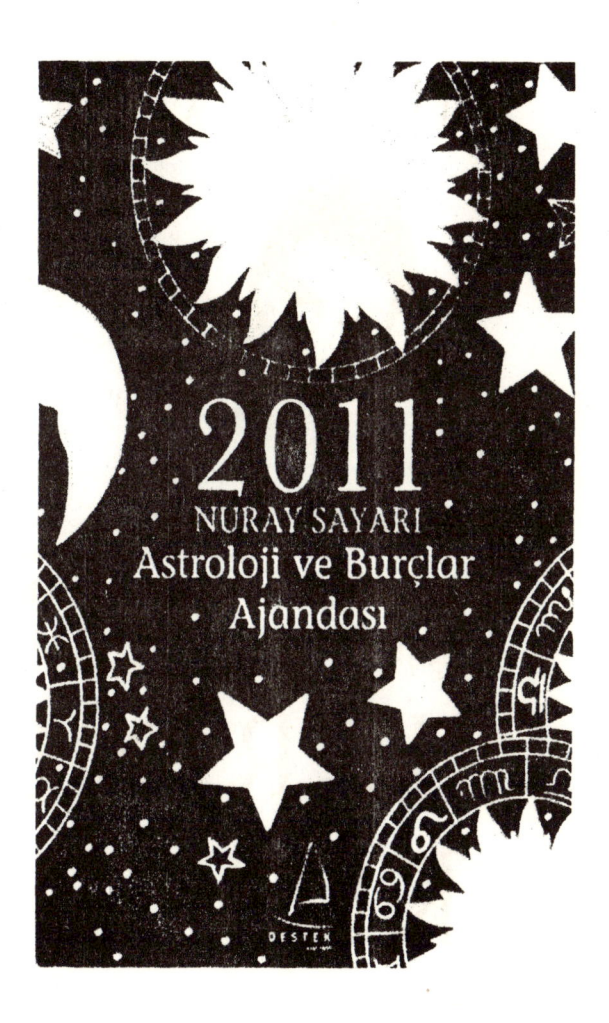

2011
NURAY SAYARI
Astroloji ve Burçlar Ajandası

NURAY SAYARI

Sen sadece siparişini ver, evren sana istediğini ambalajıyla verecektir.

İÇİNDEKİ GÜCÜN
SIRRINI KEŞFET

DESTEK
yayınları